同济博士论丛
TONGJI Dissertation Series

总主编 伍 江 副总主编 雷星晖

窦衍光 杨守业 著

28ka以来冲绳海槽中部和南部
陆源沉积物从源到汇过程及环境响应

Source to Sink Processes and Paleoenvironmental
Response of Terrigenous Sediments in the Middle
and South Okinawa Trough Since 28 ka

同济大学 出版社
TONGJI UNIVERSITY PRESS

内 容 提 要

本书以元素地球化学为主要手段,结合黏土矿物及 Sr-Nd 同位素等方法,研究长江口(CM97 孔)、冲绳海槽中部(DGKS9604 孔)以及南部沉积(ODP 1202B 孔)等钻孔沉积物的沉积学与地球化学组成变化规律,探讨晚第四纪(近 28 ka 以来)东亚边缘海陆源(河流)沉积物从源到汇的过程及对古环境变化的响应。本书可作为海洋沉积物领域的研究人员阅读使用。

图书在版编目(CIP)数据

28 ka 以来冲绳海槽中部和南部陆源沉积物从源到汇过程及环境响应 / 窦衍光,杨守业著. —上海:同济大学出版社,2018.9

(同济博士论丛 / 伍江总主编)

ISBN 978 - 7 - 5608 - 6943 - 8

Ⅰ. ①2… Ⅱ. ①窦… ②杨… Ⅲ. ①冲绳海槽-海洋沉积物-研究 Ⅳ. ①P736.21

中国版本图书馆 CIP 数据核字(2017)第 093359 号

28 ka 以来冲绳海槽中部和南部陆源沉积物从源到汇过程及环境响应

窦衍光 杨守业 著

出品人	华春荣	责任编辑	陈佳蔚	胡晗欣
责任校对	谢卫奋	封面设计	陈益平	

出版发行 同济大学出版社 www.tongjipress.com.cn
(地址:上海市四平路 1239 号 邮编:200092 电话:021 - 65985622)

经　　销 全国各地新华书店

排版制作 南京展望文化发展有限公司

印　　刷 浙江广育爱多印务有限公司

开　　本 787 mm×1092 mm　　1/16

印　　张 12.5

字　　数 250 000

版　　次 2018 年 9 月第 1 版　　2018 年 9 月第 1 次印刷

书　　号 ISBN 978 - 7 - 5608 - 6943 - 8

定　　价 70.00 元

"同济博士论丛"编辑委员会

总　主　编：伍　江

副总主编：雷星晖

编委会委员：(按姓氏笔画顺序排列)

袁万城　莫天伟　夏四清　顾　明　顾祥林　钱梦骙
徐　政　徐　鉴　徐立鸿　徐亚伟　凌建明　高乃云
郭忠印　唐子来　阎耀保　黄一如　黄宏伟　黄茂松
戚正武　彭正龙　葛耀君　董德存　蒋昌俊　韩传峰
童小华　曾国荪　楼梦麟　路秉杰　蔡永洁　蔡克峰
薛　雷　霍佳震

秘书组成员：谢永生　赵泽毓　熊磊丽　胡晗欣　卢元姗　蒋卓文

总　序

　　在同济大学110周年华诞之际，喜闻"同济博士论丛"将正式出版发行，倍感欣慰。记得在100周年校庆时，我曾以《百年同济，大学对社会的承诺》为题作了演讲，如今看到付梓的"同济博士论丛"，我想这就是大学对社会承诺的一种体现。这110部学术著作不仅包含了同济大学近10年100多位优秀博士研究生的学术科研成果，也展现了同济大学围绕国家战略开展学科建设、发展自我特色，向建设世界一流大学的目标迈出的坚实步伐。

　　坐落于东海之滨的同济大学，历经110年历史风云，承古续今、汇聚东西，秉持"与祖国同行、以科教济世"的理念，发扬自强不息、追求卓越的精神，在复兴中华的征程中同舟共济、砥砺前行，谱写了一幅幅辉煌壮美的篇章。创校至今，同济大学培养了数十万工作在祖国各条战线上的人才，包括人们常提到的贝时璋、李国豪、裘法祖、吴孟超等一批著名教授。正是这些专家学者培养了一代又一代的博士研究生，薪火相传，将同济大学的科学研究和学科建设一步步推向高峰。

　　大学有其社会责任，她的社会责任就是融入国家的创新体系之中，成为国家创新战略的实践者。党的十八大以来，以习近平同志为核心的党中央高度重视科技创新，对实施创新驱动发展战略作出一系列重大决策部署。党的十八届五中全会把创新发展作为五大发展理念之首，强调创新是引领发展的第一动力，要求充分发挥科技创新在全面创新中的引领作用。要把创新驱动发展作为国家的优先战略，以科技创新为核心带动全面创新，以体制机制改革激发创新活力,以高效率的创新体系支撑高水平的创新型国家建设。作为人才培养和科技创新的重要平台,大学是国家创新体系的重要组成部分。同济大学理当围绕国家战略目标的实现,作出更大的贡献。

大学的根本任务是培养人才,同济大学走出了一条特色鲜明的道路。无论是本科教育、研究生教育,还是这些年摸索总结出的导师制、人才培养特区,"卓越人才培养"的做法取得了很好的成绩。聚焦创新驱动转型发展战略,同济大学推进科研管理体系改革和重大科研基地平台建设。以贯穿人才培养全过程的一流创新创业教育助力创新驱动发展战略,实现创新创业教育的全覆盖,培养具有一流创新力、组织力和行动力的卓越人才。"同济博士论丛"的出版不仅是对同济大学人才培养成果的集中展示,更将进一步推动同济大学围绕国家战略开展学科建设、发展自我特色、明确大学定位、培养创新人才。

面对新形势、新任务、新挑战,我们必须增强忧患意识,扎根中国大地,朝着建设世界一流大学的目标,深化改革,勠力前行!

万　钢

2017 年 5 月

论丛前言

　　承古续今，汇聚东西，百年同济秉持"与祖国同行、以科教济世"的理念，注重人才培养、科学研究、社会服务、文化传承创新和国际合作交流，自强不息，追求卓越。特别是近20年来，同济大学坚持把论文写在祖国的大地上，各学科都培养了一大批博士优秀人才，发表了数以千计的学术研究论文。这些论文不但反映了同济大学培养人才能力和学术研究的水平，而且也促进了学科的发展和国家的建设。多年来，我一直希望能有机会将我们同济大学的优秀博士论文集中整理，分类出版，让更多的读者获得分享。值此同济大学110周年校庆之际，在学校的支持下，"同济博士论丛"得以顺利出版。

　　"同济博士论丛"的出版组织工作启动于2016年9月，计划在同济大学110周年校庆之际出版110部同济大学的优秀博士论文。我们在数千篇博士论文中，聚焦于2005—2016年十多年间的优秀博士学位论文430余篇，经各院系征询，导师和博士积极响应并同意，遴选出近170篇，涵盖了同济的大部分学科：土木工程、城乡规划学(含建筑、风景园林)、海洋科学、交通运输工程、车辆工程、环境科学与工程、数学、材料工程、测绘科学与工程、机械工程、计算机科学与技术、医学、工程管理、哲学等。作为"同济博士论丛"出版工程的开端，在校庆之际首批集中出版110余部，其余也将陆续出版。

　　博士学位论文是反映博士研究生培养质量的重要方面。同济大学一直将立德树人作为根本任务，把培养高素质人才摆在首位，认真探索全面提高博士研究生质量的有效途径和机制。因此，"同济博士论丛"的出版集中展示同济大学博士研究生培养与科研成果,体现对同济大学学术文化的传承。

"同济博士论丛"作为重要的科研文献资源,系统、全面、具体地反映了同济大学各学科专业前沿领域的科研成果和发展状况。它的出版是扩大传播同济科研成果和学术影响力的重要途径。博士论文的研究对象中不少是"国家自然科学基金"等科研基金资助的项目,具有明确的创新性和学术性,具有极高的学术价值,对我国的经济、文化、社会发展具有一定的理论和实践指导意义。

"同济博士论丛"的出版,将会调动同济广大科研人员的积极性,促进多学科学术交流、加速人才的发掘和人才的成长,有助于提高同济在国内外的竞争力,为实现同济大学扎根中国大地,建设世界一流大学的目标愿景做好基础性工作。

虽然同济已经发展成为一所特色鲜明、具有国际影响力的综合性、研究型大学,但与世界一流大学之间仍然存在着一定差距。"同济博士论丛"所反映的学术水平需要不断提高,同时在很短的时间内编辑出版110余部著作,必然存在一些不足之处,恳请广大学者,特别是有关专家提出批评,为提高同济人才培养质量和同济的学科建设提供宝贵意见。

最后感谢研究生院、出版社以及各院系的协作与支持。希望"同济博士论丛"能持续出版,并借助新媒体以电子书、知识库等多种方式呈现,以期成为展现同济学术成果、服务社会的一个可持续的出版品牌。为继续扎根中国大地,培育卓越英才,建设世界一流大学服务。

伍 江

2017 年 5 月

前　言

　　冲绳海槽独特的地理位置与沉积环境使其成为研究东海陆源沉积物源汇过程和海陆相互作用的一个天然实验室。本书以元素地球化学为主要手段,结合黏土矿物及 Sr-Nd 同位素等方法,研究长江口(CM97 孔)、冲绳海槽中部(DGKS9604 孔)以及南部沉积(ODP 1202B 孔)等钻孔沉积物的沉积学与地球化学组成变化规律,探讨晚第四纪(近 28 ka 以来)东亚边缘海陆源(河流)沉积物从源到汇的过程及对古环境变化的响应。

　　长江口 CM97 孔冰后期不同沉积相的沉积物中酸不溶相组分元素含量差异明显,总体反映了沉积物粒度对河口沉积物元素组成的制约。浅海相沉积物与现代长江下游悬浮沉积物元素组成相近。岩芯沉积物中稀土元素(REE)组成与沉积粒度相关性不大,其配分模式比较接近,具有典型的上陆壳特征,反映了冰后期长江入海沉积物组成相对稳定。但近 4 ka 以来三角洲相沉积物更偏酸性物源,最下部的河床相以砂质沉积物为主,主要是末次盛冰期河流下切,随后海平面上升,河谷迅速充填,大量近源粗粒沉积物混入。

　　海槽中部 DGKS9604 孔生源组分堆积速率的变化反映 28 ka 以来该地区古生产力逐渐下降。古生产力变化与末次冰期晚期以来陆源物质输入通量变化密切相关。LGM 时(22—18 ka),虽然河口距离海槽区更近,但东亚大陆源区降水量低,河流带来的陆源营养物质明显减少,生产力明显下降;冰消期晚期海平面快速上升,河口退却,陆源物质输入迅速减少,生产力趋于降低。$CaCO_3$含量及其堆积速率在 15—7 ka 之间有几次明显降低,可能对应黑潮减弱、陆源冲淡水增强等事件。

该孔黏土粒级沉积物($<2\ \mu m$)的元素组成因子分析结果显示,陆源和生物源组分是控制海槽中部细颗粒沉积物物源变化的最重要因素。末次冰期低海平面时期以陆源组分为主;全新世海平面快速上升和黑潮加强,生源组分成为沉积物的一个重要来源,因子得分显示全新世沉积物可能受到火山物质影响。黏土矿物分析表明,末次冰期晚期(28.0—14.0 ka)黏土矿物可能主要来源于古长江;末次冰消期到中全新世(14.0—8.4 ka),黏土矿物主要来源于东海中外陆架。早-中全新世以来(8.4—0 ka),海槽中部细颗粒沉积物主要来源于东海陆架以及台湾东北部陆架。黏土矿物的各物源端员贡献的定量估算结果表明,28 ka 以来冲绳海槽中部沉积物中黏土矿物来源以及源汇过程变化主要受海平面和黑潮变动的制约。

9604 孔全岩酸不溶相组分中稀土元素的物源判别分析显示,该孔下部沉积物(30—7.6 ka)主要来源于长江(东海陆架),部分可能来源于黄河;而上部沉积物(7.6—0 ka)的 REE 组成与台湾入海沉积物组成相近,与黏土矿物分析结果一致,表明全新世中期以来台湾源沉积物是海槽中部一个重要的陆源物源区。同时,REE 组成还记录了在 7.63 ka 和 25.76 ka 海槽中部受 K-Ah 和 AT 火山物质的影响。Sr-Nd 同位素物源判别表明,30 ka 以来 9604 孔硅酸盐碎屑主要由东海陆架沉积物(古长江入海物质)组成,9604 孔碎屑沉积物中的 Sr 同位素组成明显受沉积物中的自生 Fe-Mn 氧化物影响,受火山物质影响较小,与槽底 9603 孔有所差异。自生 Fe-Mn 氧化物相的 Nd 同位素组成可以指示冰后期黑潮对海槽沉积环境的影响,但其响应比较复杂,不同于其对典型的深海洋流演化指示。

值得注意的是,Sr-Nd 同位素组成揭示的沉积物物源变化与 REE

地球化学和黏土矿物的证据并不完全一致。不同指标判别出来的物源存在差异的主要原因为：① 缺少台湾端员 Sr－Nd 同位素组成数据，因而 Sr－Nd 同位素判别结果未考虑台湾端员沉积物的影响。② 虽然分析的都是酸不溶相组分，但不同的地球化学指标反映不同矿物的制约。因为宿主矿物或粒级差异，它们反映的物源显然也存在差异。③ 冲绳海槽西坡沉积物中自生组分物如自生 Fe－Mn 质沉积物可能运用 1 N HCl 也难以完全去除，而它们对岩芯沉积物元素与 Sr－Nd 同位素地球化学组成的潜在影响值得今后深入研究。

　　海槽南部 ODP1202 孔沉积物酸不溶组分的地球化学研究表明，28—19.8 ka 期间碎屑沉积物的物源区主要来自台湾西北部，末次冰期晚期台湾东北沿岸流将台湾西北部沉积物沿基隆海谷带入冲绳海槽南部。19.8—11.5 ka 期间海平面的上升加强了海水对陆架沉积物的淘选与冲刷，1202 孔沉积物在此期间主要来源于东海陆架。15—11 ka 期间 1202 孔非常高的沉积速率与海平面的快速上升有关。全新世以来黑潮的加强将大量台湾东北部沉积物（主要由兰阳溪供应）搬运至冲绳海槽南部甚至中部。

　　海平面和黑潮主流的变动以及源区气候变化是控制河流沉积物的从源到汇过程的主要因素。冰期低海平面时期，东海陆架以及冲绳海槽是长江沉积物的"汇"，海槽中部以长江和陆架物质输运为主；冰后期以来受海平面上升及黑潮主流的影响，东海内陆架成为长江物质的主要沉积"汇"，海槽中部沉积物通量以及沉积物搬运路径也发生明显变化；而近 7 ka 以来，东海环流体系与现代海平面基本格局建立，长江入海沉积物的"汇"也随之变化，河流物质主要堆积在河口地区，发育形成三角洲；部分沉积物被沿岸流携带到浙闽沿岸，形成特征的内陆架泥质体。海槽南部沉积物物源除受以上因素影响外，还同时受到区域性地形和流系的影响。

目　录

第 *1* 章

绪　论

　　新生代青藏高原隆升,造成中国阶梯状地貌的形成和现代水系的发育,在亚洲季风环境与晚新生代构造运动影响下,这些水系携带高原快速隆升而风化剥蚀的大量陆缘碎屑物质进入边缘海,完成陆源物质从源到汇的过程。晚第四纪古环境变化剧烈,东亚大陆边缘发育特征的边缘海,宽广的大陆架接纳大量大陆风化剥蚀物质,沉积类型与沉积环境多样。大陆边缘沉积保存着全球海平面变化、气候变化、岩石圈变形、海洋环流、地球化学循环、生物生产力和沉积物补给等丰富且重要的信息。这些环境变化信息为我们系统开展陆海相互作用、全球变化与地球系统科学研究提供了基础。当前,几个重大的国际地球科学合作计划,如国际岩石圈计划(ILP)、大洋钻探计划(DSDP、ODP、IODP)、地学大断面(GGT)、国际地质对比计划(IGCP)、海岸带陆海相互作用(LOICZ)、海洋微量元素计划(GeoTraces),以及国际大陆边缘计划(NSF MARGINS Program)等都把边缘海各种地质过程作为重要的研究内容。美国在 21 世纪的未来海洋科学计划,把边缘海的形成和环境演化作为基本内容之一。

　　位于世界最大的大陆与最大的大洋之间的东亚边缘海,具有特征的地质、地理、水文背景与气候环境,因此是开展第四纪陆海相互作用和全球环境变化研究的理想区域。由于青藏高原的隆升和琉球岛弧的阻隔，长期以来，位于西太平洋边缘海的冲绳海槽一直是大陆风化剥蚀产物搬运入海后的一个主要汇聚盆地，晚更新世以来一直保持连续沉积，深厚沉积层记录了气候变化、海平面变动、大陆化学风化、沉积物由源到汇等海陆相互作用等地质与古环境演化信息。过去20年，前人对冲绳海槽的古海洋学和古气候变化开展了大量的研究（Li et al.，1997；Xu and Oda，1999；Jian et al.，2000；孟宪伟等，2001；向荣等，2003；李铁刚等，2007；Xiang et al.，2007，2008；Yu et al.，2009；Li et al.，2010），特别是近十年来，短时间尺度气候突变事件（如 Younger Dryas 和 Heinrich 事件等）的发现更引起人们对冲绳海槽的研究关注（刘振夏等，1999，2000；Li et al.，2001，2005；Wei，2006）。这些研究主要运用古海洋学方法，将冲绳海槽的古气候记录与海平面变化和黑潮主轴摆动相联系。碳酸盐、微体古生物及其氧、碳同位素、有机地球化学等参数被广泛用于古海洋与古环境重建。

近年来，大陆边缘计划（NSF MARGNS Program）的"从源到汇"（source to sink）科学计划将不同的地质时间尺度陆源入海碎屑物质的通量，和在陆架边缘海的分布、搬运和扩散模式作为主要目标，以期对大陆边缘沉积物扩散系统和相关地层作定量解释（MARGINS Office，2003）。这一研究目标也是国际地圈生物圈计划（IGBP）中的核心计划"海岸带陆海相互作用"LOICZ 的核心科学研究方向之一。冲绳海槽是研究陆源沉积物源汇过程的天然实验室，其连续的沉积层记录了大陆气候变化、源区风化、海平面变动驱动下沉积物从源到汇的重要信息。然而，目前对冲绳海槽晚第四纪沉积物中硅酸盐碎屑的来源和输运机制的研究仍然不够，忽略了陆源物质通量在联系陆地与海洋环境变化关系中的纽带作用，因而对某些气候突变事件的成因及其对陆源沉积物输运和沉积的影响未给出明确的解释（孟宪伟，2007）。对于冲绳海槽沉积物物源问题一直存在广泛的争议,冰期尤其是末次盛冰期(LGM)陆源物质是否受长江、黄河的直接影响,冰后期陆源沉积物的源汇过程还不是很清楚。

在河流沉积物入海过程中,河口沉积无疑起承上启下的作用。长江口本身也具有"源"与"汇"的双重特色,一方面从长江的入海泥沙大部分沉积于三角洲区域,此为"汇";另一方面,三角洲往往又遭受波浪、潮流和沿岸流等水动力条件的作用,部分沉积物再悬浮被输运至陆架及深水区沉积,此为"源"(王国庆等,2006)。要系统研究东亚边缘海陆源沉积物的从源到汇过程,作为"源"的长江口晚第四纪沉积物显得尤为重要。过去研究多注重海洋沉积"汇"本身,如对黄、东海几个特征的泥质区和潮成砂体等开展了大量研究,得到很多重要认识。显然,要全面和深入理解东亚边缘海的从源到汇过程,需要从海区沉积物的"源"着手,即首先要充分考虑陆源入海物质如长江、黄河和台湾河流沉积物及粉尘的特性,再通过它们在海区研究钻孔中的分布规律,来重建晚第四纪东海陆源沉积物的源汇过程与河海相互作用特点,及其对古环境的响应。

目前,沉积物地球化学方法受到越来越多的重视,许多研究者利用边缘海沉积物的元素、同位素组成变化来反映沉积物物源和古环境变迁。国际边缘海沉积的源汇研究内容和手段也大大扩展,已不仅仅局限于海区(汇)的研究,而更关注沉积物从陆到海的过程,加强了源区沉积物的研究。同时,应用于环境演变和古气候演化研究的地球化学方法迅速发展。本书将利用同济大学在海洋地质尤其是海陆结合方面的研究优势,依托海洋地质国家重点实验室,以元素地球化学为主要手段,结合黏土矿物以及 Sr-Nd 同位素等方法分析,研究长江口(CM97 孔)、冲绳海槽中部(DGKS9604 孔,图 1-1)以及南部沉积(ODP 1202B 孔)等钻孔沉积物的沉积学与地球化学组成变化特征,探讨晚第四纪(近 28 ka

以来)东亚边缘海陆源(河流)沉积物的从源到汇过程及对古环境变化的响应。

1.1 冲绳海槽沉积物物源 (从源到汇)研究现状

1.1.1 冲绳海槽沉积物物源研究现状

冲绳海槽是一个处于发育初期的狭长形边缘海盆(Sibuet et al.，1998),堆积的沉积物厚达 2~5 km(Herman et al.，1978)。过去四十多年,国内外学者通过多学科方法开展了冲绳海槽及邻近海区物质来源的研究。秦蕴珊(1963)在早期东海沉积模式研究中,把海槽区划分为软泥沉积区,与东海其他海域的沉积物有着本质的区别。陈丽蓉等(1982)把冲绳海槽矿物区分为东坡、槽底和西坡三个矿物亚区。根据三个矿物亚区特征矿物含量变化,认为冲绳海槽以西的物质没有越过海槽,而海槽以东的物质也没有进入海槽以西地区。吴明清和王贤觉(1988)通过对冲绳海槽表层沉积物化学组分的研究,认为海槽内沉积物绝大部分样品接近于陆壳物质,以陆源碎屑沉积为主体,同时含有生源沉积和部分火山物质。赵一阳等(1994)进一步研究认为,冲绳海槽沉积物元素丰度介于东海大陆架沉积物与太平洋沉积物之间,具过渡性质,且存在元素的粒度控制规律。翟世奎等(1997)通过对沉积物元素地球化学的研究证实冲绳海槽表层沉积物绝大部分常量组分与黄河、长江和东海沉积物相近。

海槽内各个区域由于沉积环境的差异,造成冲绳海槽内不同时间和空间沉积速率和沉积物物源亦有所不同。在空间上,由北向南沉积速率趋于增加,而海槽西坡的沉积速率要大于东坡;在时间上,晚更新世期间的沉积速率要明显大于全新世(李凤业等,1999;李军,2007)。冲绳海槽各区域沉积速率的差异反映了海槽内沉积环境和物质来源的复杂性,这种差异性主要是由不同区域沉积作用和物源供应变化的结果引起(李军,2007)。前人已对冲绳海槽沉积作用与物源来源进行了大量的研究工作,典型钻孔如图1-1所示。

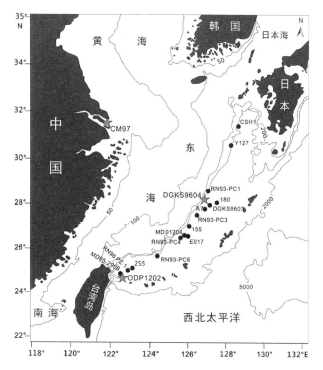

图1-1 冲绳海槽及邻近外陆架典型钻孔(★为本书研究钻孔)

1. 海槽北部

冲绳海槽北部水深较浅,陆坡坡度较小,地形起伏变化不大,除受黑潮的影响外,还受朝鲜半岛沿岸流和日本九州岛河流输入的影响,但陆源物质的输入通量明显小于海槽中部(Honda et al.,1997;Oguri et al.,2003)。翟世奎等(1996)对海槽北部海底表层沉积物和4个柱状岩芯沉积物进行了REE地球化学分析,研究表明,海槽北部以中轴线为界,东、西两侧海区沉积物在物质成分上明显不同,西部以残留沉积或其延伸体为主,东部近岛弧区则以火山组分和生物沉积为主。刘焱光等(2007)分析了冲绳海槽北部的 CSH1 孔沉积物中矿物组成、元素和粒度组成的变化规律。发现全新世期间,日本九州岛发生的 2 次大规模火山喷发活动,造成大量的火山物质沉积在冲绳海槽北部。全新世沉积物中的硅酸盐碎屑是由陆源碎屑物质和火山灰按不同的比例混合而成的。蒋富清等(2008)通过比较海槽北部 Y127 孔与长江、黄河沉积物的 REE 特征,认为在 15—11.1 ka BP 沉积物主要以长江物质为主,海平面变化和物源区组成是影响此阶段沉积物 REE 特征的主要因素;11.1 ka BP 以来海槽北部沉积物则主要由火山物质、生物碎屑以及黄河沉积物组成。最近,黄晓慧等(2009)重建了全新世以来冲绳海槽北部地区陆源输入物以及火山碎屑物的沉积历史。在 8.1—7.8 ka BP 期间,沉积物中的火山玻璃数目显著增加,导致该时段沉积物粒度急剧增大。经对比分析,该火山玻璃层即为源自日本南部 Kikai 火山的 K‑Ah 火山灰层。

2. 海槽中部

冲绳海槽中部海底地形相对复杂,陆坡坡度变陡,海底海山和构造凹陷等也较为发育,沉积环境比北段复杂。沉积物主要来自东海陆架,通过侧向的近底输运作用而在海槽中堆积(Honda et al.,2000;Oguri et al.,2003;Iseki et al.,2003)。孟宪伟等(2001)分析了冲绳海槽中段表层沉积物样品中硅酸盐相的$^{87}Sr/^{86}Sr$ 和 $^{143}Nd/^{144}Nd$ 比值,定量研究沉积物的来源,发现海槽中段陆坡区表层沉积物硅酸盐相的 Sr‑Nd 同位素特征与东海陆架相似;槽底和东坡沉积物硅酸盐相的 Sr‑Nd 同位素值介于中国大陆硅酸盐物质和海槽火山碎屑之间,并大致具有两端员混合特征;冲绳海槽中段的西坡和槽底表层沉积物硅酸盐相以陆源物质为主,由西向东,陆源物逐渐减少。刘焱光等(2003)通过对海槽中部 180 孔沉积物元素 R 型因子分析,探讨了钻孔中元素组合垂向变化的制约因素及物源特征,认为末次冰消期以来海槽中段沉积物以陆源物质为主,局部层位受生源和火山组分的强烈影响。刘娜等(2004)通过稀土元素组成研究揭示出海槽中段表层沉积物主要是由陆源、火山源和生物源物质按不同比例组成,认为 REE 参数可以有效地区分海槽沉积物的物源。李萍等(2005)对冲绳海槽不同沉积环境的沉积物分粒级进行了磁性特征研究,发现这些沉积物在物源上有一定联系,从外陆架、西部陆坡到东、西槽底平原,陆源物质符合由东海陆架向冲绳海槽输入的趋势。最近,李军和赵京涛(2009)深入探讨了冲绳海槽中部 A7 孔沉积物稀土元素、碳酸盐以及常量元素组成及其对环境变化的响应。他们认为在冰后期和末次冰消期转换期,海槽中部的沉积环境和物源发生较大改变,可能与东海海平面快速上升(WMP‐1B 事件)有直接关系。

　　冲绳海槽中部 DGKS9603 孔是过去十年冲绳海槽地区一个标志性钻孔,我国学者开展了大量古海洋学、沉积地球化学等研究。郭峰等(2001)通过 9603 孔黏土粒级沉积物的常、微量元素组分因子分析,探讨了物源来源的阶段性与古气候环境之间的联系。熊应乾和刘振夏(2004)分析了该孔黏土粒级的物源与沉积特征:45—43 ka 以生物源作用为主,43—41 ka 以火山作用为主,41.0—11.2 ka 以陆源作用为主,11.2—0 ka 以生物源作用为主。元素地球化学特征地记录了七次变冷事件,并表明该孔很可能受到了三次火山事件的影响。刘焱光(2005)在定性识别物源端员的基础上,利用 Sr‐Nd 同位素定量估计 9603 孔沉积物中陆源物质通量变化及其与古气候变化的关系,推断古气候变化事件(Heinrich 事件)的成因,证实海槽中部 35 ka 以来的陆源物质通量变化与源区气候和海平面有密切关系。孟宪伟等(2007)根据元素地球化学组成结合因子分析方法估算了 DGKS9603 孔 35 ka 以来陆源物质的沉积通量,探讨陆源物质供应对气候变化的响应规律;揭示出海槽的陆源物质主要来源于长江输运的我国大陆物质。在冰期-间冰期时间尺度上,海平面升降导致的长江与海槽之间距离的伸缩是制约陆源物质通量变化的主要因素;在盛冰期和气候变冷事件(Heinrich 事件)期间,东亚冬季风的增强使更多的粉砂级物质进入冲绳海槽,导致陆源物质通量增加。冲绳海槽沉积物记录的 Heinrich 事件与增强的东亚冬季风密切相关。

3. 海槽南部

台湾岛东北部的南冲绳海槽因具有异常高的沉积速率一直吸引着海洋地质学界的注意。高沉积速率必定有充足的物质来源,然而,对该区域沉积物物源问题的争论已经持续了二十多年。到底台湾东部河流(比如兰阳溪)是主要物源还是东海内陆架为南部海槽的主要物源,目前还存在争议。Hsu et al. (1998)通过对颗粒 Al 浓度分区的研究,结合温度、盐度与海流特征,认为台湾东部河流携带的陆源物质是南部海槽的主要物源;Hsu et al. (2004)也认为,海槽南部沉积物与兰阳溪的沉积物有着明显的相似性,并认为台湾频繁的暴风雨可以将河流(如兰阳溪)物质快速输送到海槽中心;另外,大的地震活动也可以使大量的河流颗粒物质进入到海槽。因此,这些研究均认为冲绳海槽南部沉积物应该主要来源于台湾东部的兰阳溪,而不是东海内陆架或主要来自长江。Wei (2006)通过沉积学证据也证实 ODP1202 孔全新世沉积物主要来源于台湾东北部。ODP1202 孔黏土矿物的最新研究结果也显示冲绳海槽西南端全新世以来的物质主要以台湾东北部的河流输入为主(Diekmann et al.,2008)。李文心(2008)通过对台湾东北部 MD012403 孔沉积物粒度黏土矿物以及元素组成的分析认为,全新世以来台湾东部的兰阳溪入海沉积物是海槽南部的主要物源;李传顺等(2009)对冲绳海槽西南端中全新世以来的沉积速率与物源进行了分析。根据 17 个 AMS^{14}C 数据识别出了 5 期快速沉积事件,这 5 期快速沉积事件主要与气候变化引起的区域性降水增加有关。台湾岛东北部丰富的降雨量使得宜兰境内的兰阳溪可以携带大量陆源物质进入宜兰陆架并进一步向冲绳海槽输运,成为研究区重要的物质来源。

然而,另外一些学者却持有不同的研究认识。Bentahila et al. (2008)利用 Sr-Pb 同位素对冲绳海槽西南部 RC14-91 孔进行了沉积物物源的定量估算,不同物源混合线显示该孔沉积物台湾源约占 60%,中国黄土约占 30%,长江源约占 10%。而 Kao et al.(2003)通过同位素地球化学分析认为,海槽南部沉积物中的有机质主要来源于东海内陆架;Jeng et al.(2006)比较分析了海槽南部 12 个表层沉积物和兰阳溪 9 个表层沉积物样品的碳氢化合物组成,认为兰阳溪并非是海槽南部沉积物中碳氢化合物的主要来源,并且海槽南部沉积物中长链正构烷烃和脂肪酸等有机地球化学参数与兰阳溪沉积物有很大差异,认为兰阳溪的泥沙输出量并不大,其对海槽南部的沉积贡献甚微。而对于 ODP1202 孔 LGM 以前(28—19 ka)沉积物来源也存在分歧,Wei(2006)认为是低海平面的近源沉积,而 Diekmann et al.(2008)认为,那时台湾东北部存在沿岸流,可以将台湾西北部沉积物搬运至冲绳海槽南部。

综合来看,过去几十年里冲绳海槽沉积物物源研究取得许多有意义的成果,目前科学界普遍关心晚第四纪陆源碎屑物质通量变化,及其与气候和海平面变化的关系。但目前,多数学者只是对海槽单一钻孔进行物源分析,缺乏对冲绳海槽地区沉积物源汇过程的整体把握。长江、黄河作为中国东部边缘海沉积的两大主要物源提供者,对它们的沉积地球化学组成认识还不够,尤其是对它们在冰期和间冰期沉积地球化学组成是否一致,入海通量变化等目前没有结论性的认识。这在一定程度上制约了东海陆架及冲绳海槽地区陆源沉积物的物源判别。东亚边缘海受海平面变化影响强烈,陆源物质(包括风尘)和河流悬浮物通量对海平面变化、黑潮主轴摆动的响应机制等方面的研究还比较薄弱,亟待加强。

过去十多年,冲绳海槽地区物源演化研究多局限在海槽的北部和中部,海槽南部台湾源物质与火山物质对海槽沉积影响的认识还不够,台湾河流在地质历史时期对海槽的贡献研究也不多,且存在很大分歧;更缺少台湾河流端员的数据资料。

1.1.2   冲绳海槽沉积物搬运机制

冲绳海槽沉积物物源涉及东亚边缘海海洋地质研究的一些重要而基础科学问题,包括末次冰期以来古长江和黄河流路,河流入海通量,河流搬运入海陆源沉积物在海槽的分布,海平面与海洋环流包括黑潮变化对边缘海物质扩散与沉积的影响等。末次冰期长江、黄河等大河有没有进入冲绳海槽还存在争议,一种观点认为,末次冰盛期随岸线的后退,长江、黄河等大河也随之在陆架延伸,并在陆架上形成大量古河道和古河口三角洲(李从先等,1995;李广雪等,2004);另外一种观点则认为,由于末次冰盛期的气候变得更加干冷,黄河等大河流相应地转变成了内陆河流,整个东部陆架在加强的冬季风影响下,陆架沙漠化(夏东兴等,1993;赵松龄等,1996)。目前,末次盛冰期长江注入海槽的支持者为多数,但对长江入海的位置却颇有争议:秦蕴珊等(1987)认为,末次冰期时期长江约在虎皮礁一带入海;杨子赓(1991)认为受黄海、东海之间"构造堤坝"的影响,古长江可能经黄海济州岛附近入日本海,并造成当时日本海的淡化;李凡等(1998)认为,随着末次盛冰期海岸线的后退,长江和黄河等也随之在陆架延伸,并在陆架上形成大量古河道和古河口三角洲;夏东兴等(2001)认为,盛冰期长江入海流路是经目前黄海、东海交界地区,在济州岛附近注入冲绳海槽北端。Milliman et al. (1985)指出,冰期-间冰期的海面变化对环流和沉积物扩散输运影响很大。LGM 低海平面时期,东海地区的海岸线接近现代陆架的边缘,陆源物质可以在环流作用下进入冲绳海槽。

实际观测分析表明,东海现代沉积过程中存在着悬浮体由陆架向海槽的近底侧向搬运(Iseki et al.,1994,1999,2003;Honda et al.,2000;Oguri et al.,2003),且具有"冬贮夏输"季节性格局(杨作升等,1992;Yanagi et al.,1997;郭志刚等,1997;孙效功等,2000;Iseki et al.,2003)。此外,除长江、黄河物质外,冲绳海槽沉积物主要是从邻近东海陆架通过浊流、牵引流和滑坡沿海底峡谷搬运而来,在海槽西坡上可能埋藏着巨大的海底峡谷和海底扇沉积(李巍然等,2001)。因此,除了悬浮体以"冬贮夏输"的形式由陆架海区向深海运移外,还存在着陆架上原来河湖相、三角洲相沉积物的原地改造和向海槽的再搬运沉积(李巍然等,2001)。陆坡及陆架边缘发育的海底峡谷、阶地、沟、坎、隆脊等构成陆源碎屑向海槽搬运的天然通道,中国大陆现代河流直接输入的陆源物质和陆架残留沉积物的再搬运物质,在现代沉积环境下,均可以呈悬浮或底载的形式输入冲绳海槽;输入海槽的陆源沉积物主要堆积在海底峡谷口外,形成海底扇。刘保华等(2005)通过对冲绳海槽2 000多千米的实测单道地震资料和沉积物柱状样分析,认为滑塌和重力流是冲绳海槽西部陆坡(东海陆坡)碎屑沉积物向海槽搬运的重要方式。西部陆坡滑塌和重力流广泛存在,对陆坡沉积结构的塑造起了重要作用。

1.2 碎屑沉积物地球化学对沉积环境和物源属性的指示

1.2.1 影响碎屑沉积物化学组成的复杂因素

海洋沉积物中的碎屑组分主要是通过各种途径从大陆搬运而来的陆壳风化产物,其化学成分受四个方面因素的影响:① 源岩的物质组成;② 源岩在源区的风化作用;③ 沉积物在搬运迁移中的分选作用;

④ 以及沉积后的化学风化、成岩和变质作用（Nechaev and Isphording，1993）。因此，利用沉积物地球化学开展物源识别和构造环境判断需要考虑这些不同因素导致的多解性和复杂性，剖析各种作用对沉积物化学成分的影响，这也是应用沉积物化学组成分析地质过程的关键。

物源属性是决定陆源碎屑沉积物化学组成的主要因素。不同类型源岩由于化学成分不同，其主量元素、微量元素含量和元素比值等地球化学参数存在差别。如 La 和 Th 相对富集在长英质岩石中，而 Sc、Co、Cr、Ni 等过渡元素则在镁铁质岩石（如辉长岩、玄武岩等）中含量高，La/Sc、Sc/Th、Cr/Th、Co/Th 等比值在花岗岩、安山岩、镁铁质岩石以及地壳的不同部位都存在差异（闫义等，2000）。研究表明，REE、Th、Sc、Co、Cr 等由于在沉积过程中具有较低的活动性，赋存在相对难溶的固体颗粒物中而沉积下来，基本保存源岩的化学组成特征（Bhatia，1985；McLennan and Taylor，1985；Murray et al.，1990）。而另外一些元素，如大离子亲石元素（LILE：Rb、K、Ba 等）由于其活动性强而容易在水体中发生迁移，因此这些元素不适合用来示踪源区组分，反过来可能是环境变化的重要指示参数。因此，通过对沉积物中相对稳定地球化学组分的分析，是获取沉积物来源及源区性质等信息的依据。

化学风化作用是地表沉积物地球化学组成相对源岩发生分异的重要因素。长石矿物是上陆壳最重要的母源矿物，化学风化过程中，Na、Ca、K 等碱金属元素以离子形式随地表流体大量流失，同时形成次生黏土矿物（如高岭石、伊利石和蒙脱石等）。根据元素活动性顺序将化学风化过程分为早期脱 Ca 和 Na、中期脱 K 和晚期脱 Si 阶段（Nesbitt et al.，1980）。活动性较强的碱金属和碱土金属（Ca、Mg、K、Na、Ba、Sr、Rb）在化学风化过程中的行为也存在差异：Ca、Mg、Na 和 Sr 主要存在于易风化的斜长石矿物中，因此在化学风化的初始阶段就易淋失；而 K 和 Rb 主要存在于不易风化的钾长石和云母类矿物中，当钾长石和云母风化成黏土矿物伊利石时,K 几乎不发生淋失,且易被黏土矿物吸附,风化产物中 K 和 Rb 相对富集;Al、Si、Zr 等元素在风化过程中不易淋失,但它们的富集程度不同,Al 相对富集于细颗粒物质中,而 Si 和 Zr 则相对富集于粗颗粒物质中。此外,由于它们在表生环境中的惰性,使其在沉积物中的含量接近于风化原岩的含量。Nesbitt 和 Young(1982)使用化学风化指数(CIA)来表征化学风化作用的程度:

$$CIA = Al_2O_3/(Al_2O_3 + CaO^* + Na_2O + K_2O)$$

此处,Al_2O_3 等均以元素的重量百分比转换为摩尔分数表示,CaO^* 指的是硅酸盐部分的 CaO 含量。CIA 介于 50—65 之间,反映寒冷干燥气候条件下较弱的化学风化程度;CIA 介于 65—85 之间,反映温暖湿润条件下中等的化学风化程度;CIA 介于 85—100 之间,反映炎热潮湿的热带亚热带条件下强烈的化学风化程度(Nesbitt and Young,1982)。

沉积物的粒度与矿物组成差异可以显著影响其地球化学组成。如 Culler 等(2000)对不同粒级的碎屑沉积岩进行了稀土研究,认为不同粒级沉积岩中稀土配分模式和参数(如 $\sum$REE、Eu/Sm、La/Lu)不同;黏土粒级具有与物源最近似的 REE 组成特征;而砂粒级中由于石英和长石的稀释作用使得 REE 模式偏离源岩特征。这也就是众多学者提出的沉积地球化学组成的"粒度控制律",其实质是由于沉积物粒度组成不同导致矿物组成差异,而引起地球化学组成在不同粒级沉积物中的分异作用。如 Sc、Zr、Ta、Ti 等元素多以类质同象的形式存在于一些稳定的碎屑副矿物中。元素离子半径的差别,其置换的元素不同,所赋存的矿物也不同。重稀土元素(HREE)趋向富集于锆石、石榴石、电气石等,轻稀土元素(LREE)与中稀土元素(MREE)则在榍石、褐帘石、角闪石、磷灰石、独居石等含量较高(杨守业,1999;Yang et al.,2002),碎屑矿物中的斜长石含量可以影响 Eu 异常。所以沉积物中一些重矿物对整个沉积物的 REE 含量及配分形式有显著影响,尤其当这些重矿物为沉积物中 REE 的主要载体,重矿物含量的变化会对整个沉积物的 REE 组成及模式产生较大影响。Yang et al. (2002)等对长江和黄河现代沉积物的稀土元素组成进行了研究,也发现沉积物经历的化学风化、粒度和矿物组成差异可以明显影响河流沉积物的稀土元素组成。亚马孙河下游沉积物微量元素研究表明,Th/Sc 与 Zr/Sc 图解是评价沉积物中重矿物分选富集过程的可靠指标(Vital et al., 1999)。Th/Sc 比值是粗粒沉积物源区的敏感指数,而 Zr/Sc 的比值则是锆石富集的有用指数(McLennan et al., 1993)。

元素的表生地球化学行为特点,归根结底是由元素的化学性质决定。风化、分选和成岩作用会不同程度地影响到碎屑物沉积过程中组分的变化,其结果通常使得易活动元素发生亏损和部分元素相对富集,因此要选择那些在表生过程中分异作用比较小的元素或地球化学指标,才能可靠地反映源区组成信息。需要对上述各种影响因素进行详细的研究,才能使地球化学方法在源岩属性和源岩构造背景判别中的应用更可靠。因此,充分认识大陆源区化学风化、碎屑物的搬运、分选和成岩后生作用等对沉积地球化学组成的影响,是进行海区碎屑沉积物源研究的前提。

1.2.2 元素地球化学特征对沉积物物源属性的指示

常量元素中 Al 和 Ti 都是难溶元素,一般富集于大陆岩石中(Taylor and McLennan,1985),被常用于陆源物质含量的代表,Al/Ti 比值也可以指示陆源组分。Al 是硅酸盐矿物和陆壳的基本组成元素,主要富集在细颗粒沉积物中;而 Ti 可以富集在细颗粒黏土中,也可以在一些重矿物中富集,其与沉积物粒级组成的关系相对复杂。

如上所述,元素在表生环境中具有不同地球化学性质,因此在沉积物源研究中需要深入考虑它们的地球化学性质差异。一些元素如大离子亲石元素(LILE:K、Rb、Cs、Sr、Ba 等)由于其活动性强而容易在溶液中发生迁移,在水体中的滞留时间也较长。因此,这些元素不适合用来反映源区的组分。而另外一些元素包括 REE,Sc、Zr、Nb、Hf、Ta、Th、Y、Co、V 等,在岩石的风化过程中不够活泼,往往被固体物质结合或吸附,随颗粒物一起搬运和沉积,它们在海水中的含量极小,滞留时间短,在自生物质中的富集程度很低。在陆源物质供应丰富的边缘海沉积物中,这些元素几乎全部来自碎屑物质,可以继承碎屑源区的地球化学特征(Taylor and McLennan,1985)。因此,通过对沉积物中相对稳定元素组成的分析,可以判别沉积物的来源及探讨物源区组成特征。

稀土元素(REE)是近年来海洋沉积物源与环境重建的一种重要地球化学方法。稀土元素地球化学研究应用 REE 的两个主要化学性质(杨守业,1999;刘季花,2004):一个是镧系收缩性质,此性质决定了 REE 化学性质非常相近。REE 另一个重要性质是元素的分异特性,当沉积物源区所处的环境发生变化时,有个别稀土元素发生价态和含量的变化。所以,可以利用 REE 配分模式表征不同沉积物的来源。沉积物 REE 配分模式主要包括两种方法,一是以球粒陨石(Boynton,1984)进行标准化,反映样品相对地球原始物质的分异程度,揭示沉积物源区特征;二是以北美页岩(Haskin et al.,1968)、后太古代澳洲页岩(PAAS,McLennan,1989)或上陆壳平均组成(UCC,Taylor and McLennan,1985)进行标准化,了解沉积物形成过程中混合与均一化作用的影响和分异程度。另一方面,要考虑有个别 REE 元素发生价态和含量的变化。如沉积物中 Ce 异常可以指示氧化还原环境变化;深海沉积物的 REE 含量变化大,主要与沉积物类型有关,其共同特点是重稀土相对富集和 Ce 的明显亏损。海洋沉积物中 Ce 正异常主要是通过黏土、铁锰氧化物直接从海水中捕获吸附 Ce^{4+} 所致,而 Ce 负异常主要来自生物碳酸盐等自生沉积物(Piper,1974)。Ce 负异常较明显,可能反映自生沉积物产量较大和相对较小的陆源碎屑输入通量。Eu 异常的情形与 Ce 完全不同,它和自生沉积物没有什么关系,主要反映碎屑物源的组成(Holser,1997)。近海沉积物主要来自陆壳风化产物,稀土元素基本继承碎屑源区的特征,表现出"亲陆性"的特点。稀土元素主要存在于矿物晶格之中,吸附组分很少。由于我国近海沉积物主要来源于大陆,因此 REE 含量和分布模式与大陆物质相似,呈现较弱或没有 Ce 负异常(吴明清,1983,1991;赵一阳等,1994)。

一般认为,用粗粒沉积岩/物指示源区是不可靠的,细粒碎屑沉积岩/物最能反映源区陆壳的平均组成(Culler et al.,2000)。源区化学风化以及沉积过程中的粒度分选作用会不同程度地影响到碎屑物沉积过程中组分的变化,而改变沉积地球化学方法对源区组成的直接指示,这需要加强对表生作用过程中元素的迁移规律的理解,查明碎屑沉积物在水动力分选作用中化学元素的变化规律(含量变化及配分形式),选择能够较好记录源岩组分信息的稳定元素,建立有效的判别参数来进行物源区的判别。

利用常、微量元素和稀土元素示踪海洋沉积物物质来源,在日本海(Ishiga et al.,2000)、鄂霍次克海(Gorbarenko et al.,1996,1998,2002)南海(邵磊,2001;Yang et al.,2008)、黄海(Kim et al.,1998;Cho et al.,1999;Yang et al.,2004)绳海槽(孟宪伟等,1997,2001)等海区,都得到了很好的研究结果。

1.2.3　碎屑沉积物 Sr－Nd 同位素对物源的约束

简单的沉积物组分分析并不能完全解决物源问题,需要考虑沉积物源汇过程的复杂性。碎屑组分来源于母岩的风化剥蚀,风化作用又与地形和气候有密切联系,盆地的物源分析又必然与沉积环境密切相关。因此,物源分析应该在充分认识沉积物特征的基础上进行(金秉福,2003)。此外,沉积物物源往往不是单一的,存在着多样性,不同物源区贡献的差异,使得仅依靠元素地球化学方法进行的源区示踪存在某种程度的复杂性和多解性(蔡观强等,2006),需要多学科多种分析方法的结合,才能更可靠地揭示沉积物源。最近一些年,Sr－Nd 同位素地球化学方法发展迅速,被广泛运用于海洋沉积物的物源示踪(Asahara et al.,1999;韦刚健等,2000;孟宪伟等,2001;Mahoney,2005;Bentahila et al.,2008;Van Laningham et al.,2008)。

锶有四个稳定同位素:^{84}Sr,^{86}Sr,^{87}Sr,^{88}Sr。其中^{87}Sr 是由^{87}Rb 经 β－衰变而成。随着^{87}Rb 的衰变,^{87}Sr 在地质历史中逐渐增多;$^{87}Sr/^{86}Sr$ 常被用于物源分析。大陆岩石的化学风化作用释放 Sr,经过河流搬运入海并与洋中脊热液活动从上地幔带入的低比值 Sr 混合。所以,海洋中 Sr 同位素主要有三个来源:壳源硅铝质岩石的风化产物、幔源镁铁质岩石风化及海底风化产物,次之为碳酸盐岩的重溶。Faure(1986)研究认为,上述三种物质的$^{87}Sr/^{86}Sr$ 比值分别为:0.720 ± 0.005,0.704 ± 0.002(主要是玄武岩)和 0.708 ± 0.001。

影响沉积物或者风化壳中的 Sr 同位素组成的因素较多,包括母岩的 Sr 同位素组成、沉积粒度变化和化学风化作用(饶文波等,2006)。较强的化学风化使贫 Rb 富 Sr 的碳酸盐类矿物溶解并淋失,导致硅酸盐类矿物相对富集,风化产物有较高的$^{87}Sr/^{86}Sr$ 比值;反之,则低。相对于粗颗粒组分,细的颗粒组分含有更多的伊利石、云母等黏土矿物,因而,有高的$^{87}Sr/^{86}Sr$ 比值。

Nd 在自然界中存在 7 种天然同位素。^{143}Nd 由放射性元素^{147}Sm 衰变而来,称为放射性成因 Nd。^{143}Nd 的半衰期为 $2.1\times10^{15}a$,因此也可视为稳定同位素。^{144}Nd 多富集于酸性铝硅酸盐中,通常称为陆源

Nd。在地学研究中有意义的是 Nd 同位素组成,用 $^{143}Nd/^{144}Nd$ 比值或 $\varepsilon_{Nd}\left[\left(^{143}Nd/^{144}Nd\right)_{样品}/\left(^{143}Nd/^{144}Nd\right)_{标准物}-1\right]\times10^4$ 来表示。$^{143}Nd/^{144}Nd$ 在不同类型和不同粒级的沉积物中变化很小,Sm-Nd 同位素组成的差异直接与物源属性有关,而且这种差异并不随源区物质的风化、搬运和沉积过程而发生明显改变,即使异地沉积的 Sm-Nd 同位素组成特征都能较好地记录源区的物源组成(McLennan and Hemming,1992)。因此,相对 Sr 同位素而言,Nd 同位素对沉积物源属性的指示更为可靠。

我国学者近些年也开展了 Sr-Nd 同位素示踪河流与海洋沉积物的物源研究。陈毓蔚等(1997)讨论了南沙群岛及邻近海区沉积物的 Sr 同位素组成的制约因素,并应用 Sr-O 同位素体系判别沉积物的来源。孟宪伟等(2001)利用 Sr-Nd 同位素组成定量研究了冲绳海槽中段表层沉积物硅酸盐物质的来源,认为海槽中段的西坡和槽底表层沉积物硅酸盐相以陆源物质为主;由西向东,陆源物逐渐减少;在海槽东坡含量最少,但火山物质含量最高。同时,孟宪伟等(2000)分析了长江、黄河流域泛滥平原细粒沉积物 $^{87}Sr/^{86}Sr$ 组成以及空间变异的制约因素,初步探讨了其物源示踪的意义。韦刚健等(2000)对南沙 NS90-103 钻孔沉积物 Sr-Nd 同位素组成进行探讨,表明 $^{87}Sr/^{86}Sr$ 比值与周围陆源区末次冰期风化程度有关,$^{143}Nd/^{144}Nd$ 比可以指示碎屑沉积物物源。张霄宇等(2003)研究了南海东部海域表层沉积物的 Sr 同位素组成,认为非碳酸盐相物质由幔源型火山物质和陆源硅铝物质组成,二者呈互为消长关系;海盆内发育的火山喷发是幔源型物质的主要来源,陆源物质主要是中国大陆碎屑物质经台湾海峡进入南海。杨守业等(2007)研究了长江水系沉积物 Sr-Nd 同位素组成,揭示出长江沉积物对世界风化陆壳平均组成的示踪性较好,长江 Sr-Nd 同位素组成对研究晚新生代长江的演化历史和大陆风化过程,并对中国东部及边缘海的古环境重建具有重要意义。

1.2.4 黏土矿物对古气候、沉积物物源和环境的指示

黏土矿物是海洋沉积物的重要组成部分,主要在地表风化作用过程中形成。近年来,高分辨率地层学的发展,促进了黏土矿物与古气候、古环境演化响应研究。黏土矿物组合变化为研究物质来源及搬运途径、环流强度的演化,以及研究气候变化原因、机制和对地球系统环境的响应提供了丰富的信息及背景材料。

1. 黏土矿物对古气候指示

黏土矿物在各种类型的沉积岩中均有分布,它们是母岩物质风化的产物。气候条件不同,风化产物必然有所差异。一般认为,高岭石是在潮湿气候、酸性介质中由长石、云母和辉石经强烈淋滤形成(Singer,1984;Thiry,2000)。其主要阳离子为 Si、Al,是硅酸盐矿物在各种不同的自然地理环境中的分解产物,气候温暖潮湿有利于高岭石的形成和保存。

伊利石形成于温暖或寒冷少雨的气候条件,由长石、云母等铝硅酸盐矿物在风化脱 K^+ 的情况下形成。其晶格混层 K^+ 继续淋失,则可向蒙脱石演化。如果气候变得湿热,化学风化彻底,碱金属(主要是 K^+)被带走,伊利石将进一步分解为高岭石。因此,气候干燥、淋滤作用弱对伊利石的形成和保存有利(Singer,1984;Thiry,2000)。

蒙脱石易在富盐基,特别是贫 K^+ 而富含 Na^+、Ca^{2+} 的碱性介质中形成。风化强度增大,Na 和 Ca 就从蒙脱石的混层位置上剥离,因此蒙脱石的存在反映了寒冷的气候特征。另外,火山物质在碱性介质中很容易变成蒙脱石(Griffi,1968),这已为许多研究者的资料所证实。

绿泥石中的主要阳离子为 Si^{4+}、Al^{3+}、Fe^{2+}、Mg^{2+},形成环境为碱性。Bain(1977)发现绿泥石在风化剖面上部的氧化条件下不稳定,这是由于在风化作用期间,水镁石层内的二价铁容易被氧化,所以绿泥石一

般只能在化学风化作用受抑制的地区(如冰川或干旱的地表)保存。一般认为,绿泥石和伊利石含量增加代表逐渐变为干旱的气候条件。

此外,地层中单一黏土矿物很少出现,一般为几种黏土矿物的组合,并常含有混层矿物。特别是在季节性温暖气候环境下,有水源的区域陆表侵蚀过程中易形成不规则混层矿物(Ducloux et al.,1976)。不规则混层矿物有明确的气候指示意义,伊利石/绿泥石混层矿物(I/Ch)比值大时,代表更冷湿、非季节性的气候环境(Yemane et al.,1996)。干旱气候条件下形成的蛭石和蒙脱石,在温暖湿润时转化成高/蒙混层矿物(Srivastava et al.,1998),而蒙脱石/绿泥石、伊利石/蒙脱石混层矿物代表气候逐渐转为潮湿的环境(Jain et al.,2003)。

一般应用黏土矿物的种类、组合和含量的综合信息来判断古气候环境。Yemane(1996)提出黏土矿物组合对古气候的正确解释基于以下几点:① 所用黏土矿物是由岩屑形成,并且在从源区到最终沉积环境的搬运过程中几乎没有发生改变;② 碎屑源区明确,并且源区在沉积过程中一直保持稳定(Singer,1980,1984);③ 沉积后的热液和成岩作用不改变初始的黏土矿物组合。

2. 黏土矿物对沉积物物源和环境的指示

当碎屑黏土矿物的物源区和从源区到沉积盆地的搬运过程复杂时,其成分和分布除了受气候的影响外,还可能受其他因素的影响。Chamley(1981)系统分析了海洋黏土沉积物的影响因素,提出非气候影响因素包括搬运介质(水、冰、风)、侵蚀作用、粒度分异和凝聚作用等都是影响黏土矿物形成和分布的重要因素。大量研究表明,黏土矿物的粒度是影响其分布的重要因素,沉积区海平面变化时,搬运过程中的粒度沉积分异可以影响沉积岩中黏土矿物的组成。由于颗粒细小($<2~\mu m$),黏土矿物对水动力作用很敏感,能够被风和流水长距离搬运,水动力作用无疑是影响黏土矿物分布的最主要因素(赵杏媛等,1990)。这种因颗粒大小造成

的机械分异作用在一些河口地区更明显(刘光华,1987)。

　　黏土矿物组合与分布特征不仅能反映残留沉积形成时期的古气候和古环境特征,而且还能指示其陆上成因环境及其入海后的搬运途径,黏土矿物的分布研究已为研究现代河流物质入海后的搬运范围提供了一定有效手段。近 20 年来,我国很多学者对中国邻近海域黏土矿物的含量、组合特征、分布特点、运移沉积规律及影响因素进行了充分的研究,为研究区域古环境变化积累了大量的基础资料。杨作升(1988)率先根据黏土矿物组合及其化学特征揭示出黄河、长江和珠江等三种不同类型的河流黏土矿物组成,分别具有半干旱寒冷气候区、石蕊温暖气候区和多雨炎热气候区产物的特点,与三大河沉积物主要物源区气候环境对应。李国刚(1990)系统研究我国近海黏土矿物分布特征,认为除了明显受控于长江物质供应的长江口附近及珠江口的南海近岸区域外,残留沉积大面积出露的东海陆架东南部、南海外陆架以及陆源物质供应贫乏的冲绳海槽出现明显的绿泥石高值,与高岭石含量低值相对应。何良彪等(1997)对黄河与长江沉积物中黏土矿物的化学特征进行了探讨,指出黄河与长江沉积物中主要黏土矿物在其化学成分特征方面存在着明显的差异。影响黏土矿物化学成分的主要因素是物源区母岩的性质和地球化学环境。黄河与长江黏土矿物化学特征上的差异,可以作为分析某些特定海区沉积物源的一种指示。近几年,刘志飞等(2003;2004)和 Liu et al.(2003)学者较系统地研究了南海表层与钻孔黏土矿物分布特点,指出黏土矿物组合与长期气候演变存在一定的关系,黏土周期性沉积响应与地球轨道驱动因子作用有关,陆源黏土通量既受大陆冰盖厚度和海平面变化以及环流强度的控制,同时又受源区物理、化学风化程度的影响。

　　综述来看,海洋沉积中黏土矿物组合的变化流域可以反映源区气候环境演变,记录细颗粒搬运、再沉积和沉积环境演化的重要信息,可为古环境再造、古季风变迁以及海陆对比研究提供有力证据。

根据东海陆架与冲绳海槽沉积物源研究历史与现状来看,我国海洋沉积物物源辨识和定量分离的方法研究亟须加强。在方法上,一定要考虑东亚边缘海沉积环境的复杂性,要突出多学科交叉,多种分析方法的综合运用,如选择受沉积和成岩作用影响较小的元素与同位素地球化学方法,并结合沉积学、成因矿物学等分析,来深入剖析边缘海沉积物物质来源,揭示其对古环境变化的响应。这也是本书拟重点开展的工作。

1.3 选题及研究内容和意义

边缘海沉积物是多种来源的混合体。沉积物的化学成分除受地带性的生物、气候等环境因素的制约外,其中元素的种类、丰度和区域分布主要受物质来源控制。如前所述,陆缘碎屑沉积物中黏土矿物、元素(包括稀土元素)以及 Sr-Nd 同位素等,可以作为地球化学指示参数,用于沉积物来源与沉积环境变化研究。

过去几十年,冲绳海槽地区晚第四纪古海洋和古环境研究取得了丰硕成果。本书在这些研究的基础上,从海陆对比研究的角度,借鉴当前国际上陆缘碎屑沉积物"从源到汇"的研究思路,选取长江口(CM97孔)、冲绳海槽中部(DGKS9604孔)、南部(ODP1202孔)3个钻孔(图 1-1),进行沉积物元素、同位素以及黏土矿物等方面研究,重建晚第四纪(近 28 ka 以来)东海陆源沉积物的从源到汇过程,尤其是揭示长江入海物质对冲绳海槽沉积的影响。通过冲绳海槽中部和南部陆源物质通量变化的比较研究,探讨陆源物质输运对黑潮主轴摆动、河流悬浮物通量、海平面变化以及东亚季风的响应。本书的主要研究成果对深入理解末次盛冰期以来长江等陆源碎屑沉积物的入海过程,提出沉积地球化学示踪边缘海沉积物"从源到汇"研究的新思路,深化东亚边缘海的陆海相互作用研究均具有重要意义。

本书的主要研究内容为:

(1)选择冲绳海槽及邻近地区代表性的钻孔,运用同样的地球化学样品处理方法,开展系统的元素地球化学分析,并结合 Sr－Nd 同位素、黏土矿物、有机元素与有机碳同位素等分析,研究晚第四纪近 28 ka 以来冲绳海槽及邻近陆架的硅质碎屑沉积物来源,揭示长江、黄河、台湾等入海河流碎屑物对东海外陆架和陆坡沉积的贡献与影响。

(2)结合东海晚第四纪古海洋与古环境研究成果,重建近 28 ka 以来冲绳海槽陆源沉积物的从源到汇过程,探讨陆源碎屑通量对大陆源区气候、黑潮变动、海平面变化以及东亚季风的响应。揭示晚第四纪东亚边缘海的河海相互作用特点。

本书主要依托国家自然科学基金"长江三角洲冰后期沉积物物源判别和从源到汇过程重建"(批准号:40676031;2007.1—2009.12);新世纪优秀人才支持计划课题"长江、黄河和珠江水系沉积物 Sr－Nd 同位素组成与物源—构造示踪意义"(批准号:NCET－06－0385;2007.1—2009.12);以及海洋沉积与环境地质国家海洋局重点实验室开放基金"东海北部晚第四纪环境重建与沉积物源汇示踪:REE 制约意义"(编号:MASEG200605,2007.7—2009.12)等课题。

1.4 课题工作量

本书分析了长江口 CM97 孔、冲绳海槽中部 DGKS9604 孔以及海槽南部 ODP1202 孔等 3 个钻孔沉积物样品常量与微量元素组成。除此之外,DGKS9604 孔测试了蛋白石、总碳(TC)以及总有机碳(TOC)。这些分析全在同济大学海洋地质国家重点实验室完成。DGKS9604 孔黏土矿物测试在国家海洋局第一海洋研究所的海洋沉积与环境地质国家海洋局重点实验室完成,前期处理在同济大学完成;DGKS9604 孔 Sr - Nd 同位素测试在中国科学院广州地球化学研究所同位素地球化学实验室完成。本书工作量如表 1 - 1 所示。

表 1 - 1　课题工作量统计

岩芯	研究项目	样品量/个	仪　器	实　验　室	样品性质
CM97	常微量元素	82	ICP - AES ICP - MS	海洋地质国家重点实验室	酸不溶相
	粒度	82	粒度分析仪	同上	全样
DGKS 9604	蛋白石	93	分光光度计	海洋地质国家重点实验室	全样
	TC,TOC	188	EA1110 型有机元素分析仪	海洋地质国家重点实验室	全样
	黏土矿物	88	日本理学 X 射线衍射仪	国家海洋局海洋沉积与环境地质重点实验室	黏土矿物
	常微量元素	88	ICP - AES ICP - MS	海洋地质国家重点实验室	未加酸黏土粒级
	常微量元素	106	ICP - AES ICP - MS	海洋地质国家重点实验室	酸不溶相
	Sr - Nd 同位素	32	MC ICP - MS	中国科学院广州地球化学研究所同位素地球化学实验	酸不溶相
ODP 1202	常微量元素	109	ICP - AES ICP - MS	海洋地质国家重点实验室	酸不溶相

本书共完成各类样品分析 868 个,其中包括常微量元素含量样品 385 个,黏土矿物样品 88 个,TC、TOC 样品 188 个,蛋白石样品 93 个,沉积物粒度样品 82 个以及 Sr - Nd 同位素样品 32 个。

第2章

区域地质背景

2.1 东海地质、水文与沉积概况

东海是由中国大陆、中国台湾岛、朝鲜半岛、日本九州和琉球群岛所围绕的一个边缘海。海域自东北向西南长约 1 300 km，东西宽约 740 km，面积约 $77×10^4$ km²。平均水深 370 m，最大水深 2 322 m。东海是宽广大陆架海区，其大陆架和大陆坡面积约 $55×10^4$ km²（李家彪，2008）。由东海陆架、台湾海峡和冲绳海槽三部分组成（图 2 - 1）。

东海大陆架水深较浅且地势平坦，平均水深约 120 m；东海大陆坡宽度平均 88 km，范围 73～94 km，其上部边界为东海大陆边缘，水深介于 85～142 m 之间，下界则接近南冲绳海槽海床，水深为 1 700～2 030 m 之间。位于东海陆架外缘的冲绳海槽是太平洋板块向西俯冲而形成的沟-弧-盆体系中的一个半深海弧后盆地，地处西太平洋中部，东部以琉球群岛为界，西部以东海大陆坡折处为界，南起中国台湾北部，北至日本西南岸外，其轴线呈北北东-南南西方向延伸，整体上呈微向太平洋突起的弓字形。海槽南北长约 1 200 km，东西宽 140～200 km，总面积约 228 500 km²。冲绳海槽海底地形复杂，地震、构造活动强烈而频繁，火山活动活跃，沉积作用发

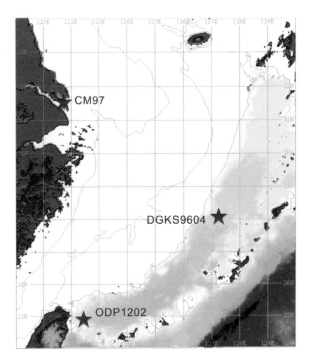

图 2-1　冲绳海槽及东海陆架地理位置及本文研究钻孔

育,沉积物类型多样,生物种类繁多,是研究大陆向大洋过渡的重要地区。

　　长江与黄河多年平均分别输出约 5×10^8 t/a 和 1×10^9 t/a 的沉积物至东部边缘海(Milliman and Meade,1983),然而黄河入海沉积物仅少部分可沿大陆沿岸往南传输,而长江输出的沉积物则约有 60% 可往东或被长江沿岸流往南带到东海陆架沉积(DeMaster et al.,1985),而成为东海表层沉积物的主要来源。台湾河流每年输出 263 Mt 沉积物(台湾西部 191 Mt,东部 72 Mt)(Kao and Liu,2000),是东海陆架的次要来源。东海泥质沉积区主要包括长江口外、浙闽附近的内陆架、济州岛西南,与冲绳海槽;东海陆架上大部分区域覆盖着晚更新世盛冰期残留的粗粒砂质沉积物,其组成与现代河流入海碎屑物质不同;外陆架沉积物中更多含不同于现代的贝壳碎屑,显示外陆架在当时应为浅海环境(Chen et al.,1992;何起祥等,2006);陆架边缘与上部陆坡处的沉积物以粗粉砂为主,往下部陆坡渐变为细粉砂,至冲绳海槽则以陆源性泥质沉积物为主,间杂着火山物质与自生物质(秦蕴珊等,1987;林庚玲,1992)。

2.1.1　冲绳海槽构造与地形特征

冲绳海槽在构造位置上处于太平洋板块(菲律宾板块)和欧亚板块汇聚带的台湾—吕宋碰撞带北侧、琉球海沟和琉球火山弧的西侧,是西太平洋大陆边缘琉球沟-弧-盆构造体系中发育于极薄陆壳基底上的一个活动的弧后盆地(Sjbuet et al.,1998)。冲绳海槽的构造活动开始于中新世晚期(李乃胜,1988),至更新世早期或晚上新世,现今的构造格局基本奠定。冲绳海槽目前的地壳性质属于过渡型地壳,其演化并未达到洋壳形成(海底扩张)阶段,但地壳已开始减薄(蒋为为等,2001)。在构造性质上冲绳海槽目前正处于弧后背景下,大陆张裂的最高阶段(周祖翼等,2001);在边缘海盆地演化旋回中,仍处于胚胎期,即处于大陆张裂的最高阶段和弧后海底扩张的过渡阶段。

冲绳海槽的断裂构造十分发育,尤其是张性断裂(中央雁形张裂或"槽中槽"),其构造形式表现为明显的拉张裂陷性质(傅命佐等,2004)。海槽内主要发育两组交互的断裂带,除顺海槽走向伸展的 NNE 向平行断裂系外,还分布一系列 NW 向与海槽走向斜交或正交的横切断裂。平行断裂在北段约呈 NNE 向,中段 NE 向,南段则近 EW 向。这种断裂主要由大量的高角度正断层组成,伴随着海槽内出现的地堑状裂陷盆地而存在。平行断裂的断裂线皆沿裂陷盆地的轴向展布,断续地纵贯整个海槽。横切断裂是与海槽相交的水平错动的张扭性断裂,海槽的弧状弯曲与这组断裂有关。较大的横切断裂有吐噶喇断裂带和宫古断裂带等,把海槽分为北、中、南三段。冲绳海槽南北地质构造上的差异,与性质各异的南、中、北琉球群岛相对应,说明它们成因上的联系;冲绳海槽的这种构造格局,不但控制着海底地形地貌,且一定程度上也影响着现代沉积物的分布和性质(金翔龙,1987)。

　　冲绳海槽地形复杂,起伏明显,横断面呈"U"形,两侧陡峭起伏、底部较平坦(图 2 - 1)。其地形的基本特征为东西分带和南北分块(丁培民等,1986)。南北分块表现在沿槽底走向,由 EN - SW 地形呈阶梯状下降;奄美大岛以北的吐噶喇海峡构造带和冲绳岛与宫古岛之间的宫古构造带将冲绳海槽分为北、中、南三段。北段走向 NNE - SSW,水深较浅,在 600～900 m 之间,海底起伏变化较大;中段走向 NE - SW,水深1 000～2 000 m,地形较平坦;南段走向 NEE - SWW,水深大多在2 000 m以上,南部边缘起伏不平,底部平坦。东西方向上,海槽地形变化明显,由西侧槽坡、槽底、东侧槽坡三部分组成;两侧坡度较大,形成陡坡带,中间较平坦,构成较宽和较深的槽底。

　　南冲绳海槽位于台湾东北海域,主要包括五个主要的地形区(Yu and Hong,1992),分别为东海大陆架、东海大陆坡、南冲绳海槽、宜兰陆架及宜兰海脊。宜兰陆架为宜兰平原向外海的自然延伸(图 2 - 2)。

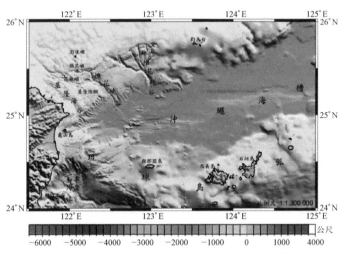

图 2 - 2　台湾东北海域地形地貌图(台湾海洋
科学中心海洋资料图集,1999)

　　宜兰陆架与陆坡的过渡带水深大约 200 m,陆架边缘水深在 165～430 m 之间,平均深度约 270 m,比东海陆架边缘深度120 m要深许多

(Yu and Song，2000)。宜兰陆架存在两个地形高区，分别位于兰阳溪
出海口东侧的宜兰海脊以及龟山岛周围。棉花峡谷全长超过 120 km，
最大宽度超过 20 km，谷底水深为 200～600 m。北棉花峡谷位于棉花峡
谷北方约 30 km 处，平行于棉花峡谷，深切陆架与陆坡，谷底水深大多在
100 m 以上(Song and Chang，1993)。

　　海槽西坡为冲绳海槽西部岸坡的东海陆架坡折带，分布于东海大陆
架外侧。作为大陆架向海槽的过渡带，水深为 150～1 000 m，宽度为
30～40 km，北部最宽可达 70 km，坡角最小，比较平缓；中部宽度最小，
最小宽度约 15 km，坡角最大，地形陡峭；南部次之。槽坡北段地形比较
复杂，起伏较多；中部地形简单。南部发育阶梯状地形，沿西侧槽坡与槽
底平原交界处，大体平行等深线分布有大量的断裂沟和断裂谷。槽底为
相对平缓的深水区，北端位于 31°N 附近，大致与 800 m 等深线相当，向
南延伸约 1 200 km，西南端到达 122°40′E，水深 1 500 m 处。槽底平原
平均宽度约为 95 km，中间宽度较大，两头较窄。其地形的基本特点是
西部槽底低平，相对起伏小，东部槽底起伏较大，有火山地形发育(金翔
龙等，1987)。

2.1.2　东海环流体系

　　东海的流系对于海洋沉积物的搬运和沉积起十分重要的作用，它控
制着东海沉积的基本格局，决定东海陆架与陆坡的沉积模式，塑造海底
地形特征。作为一个开阔的边缘海，东海的环流系统相当复杂，但总体
上主要由黑潮及其分支组成的外来流系和沿岸流系等构成。依据地理
位置，冲绳海槽及邻近东海陆架的水文结构可以分为三类：① 水深大
于 100 m 的外陆架：主要为黑潮直接影响下的以高温高盐为特征的冲
绳海槽水体和黑潮支流；② 50 m 以浅的内陆架：是以河流注入和强烈
的潮流活动占优势的，以低盐和高混浊度为特征的沿岸水体；③ 水深

50～100 m的中陆架是一过渡带,黑潮与沿岸水共同存在并强烈混合
(图 2 - 3;Lie and Cho,2002)。

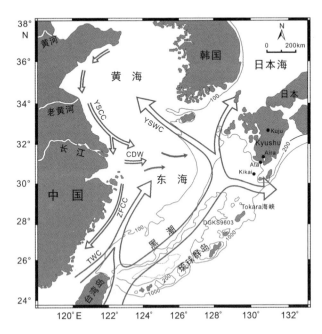

图 2 - 3　东海环流体系(YSWC:黄海暖流;CDW:长江冲淡水;YSCC:
　　　　黄海沿岸流;TWC:台湾暖流;ZFCC:浙江福建沿岸流)

　　黑潮及其支流是影响冲绳海槽的主要水体。黑潮是北太平洋一支
强而稳定西边界流,具有流速强、流量大、流幅宽、流程远长,高温、高盐、
透明度大和水色深蓝等特点。黑潮起源于西赤道太平洋,经过我国台湾
东部海峡进入东海;在台湾东北部因东海陆架阻挡流向发生偏转而分为
两支,主流沿陆架坡折带向东北流动,而另一支则转向西北入侵陆架
(Hsueh et al. ,1992)。黑潮水的侵入主要发生在水深 200 m 以上部
位,冲上陆架的支流部分回转成西南向再转向东南,最终并入黑潮主流,
形成流向与黑潮相反且以棉花峡谷为中心的涡流(Tang et al. ,1999)。
因此,台湾东北部区域的环流主要由三部分组成:沿陆架坡折带向东北
流动的黑潮主流、穿越陆架坡折带的黑潮的一个向北分支、位于该支流

西部的一逆时针气旋式环流(图 2-4)。此涡流的规模与流速皆随深度
剧减但却是终年存在于上层水体中。棉花峡谷与北棉花峡谷正好被笼
罩在此涡流之内,区域内水体的地化循环与沉积物传输沉降受到影响
(Tang et al.,1999)。

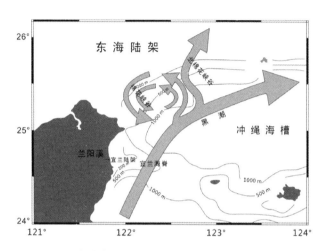

图 2-4　台湾东北海域黑潮流系(改绘自 KEEP,2000)

黑潮主流沿东海陆架外缘向东北方向流动,在北纬 29°～30°N 间形
成分支,其主流穿越吐噶喇海峡返回太平洋,再沿日本沿岸东流,汇入北
太平洋海流,其分支则继续北上,与来自东海北部的混合水和东海外陆
架的混合水一道形成对马暖流;在 32°N 附近对马暖流又分为两支,主支
北上流入日本海,另一支向西偏转插入南黄海,形成黄海暖流(图2-3)。
黑潮对冲绳海槽以及邻近海区的海洋沉积物类型和分布特征以及古气
候变化有着直接的影响。黑潮流系不仅控制着冲绳海槽的海洋学特征,
并对东亚的气候产生着深刻的影响,冲绳海槽及其邻近大陆的古环境演
变与黑潮的变动密切相关。

海槽西侧及东海外陆架受向岸渗透的黑潮水和向海伸展的沿岸水
共同影响。通过台湾海峡的台湾暖流直接影响着台湾东北部区域的水
文特征;而中国大陆河流向东和东南的淡水注入极大地影响外陆架的表

层水文特征。外陆架环流由西南部的北东向流、东部的北向流构成。该北东向流部分产生于台湾海峡流和台湾东北部侵入的北向黑潮水。在陆架西南部,区域水文和环流具季节性且相当复杂,存在三个不同的局部流系:从南海经台湾海峡到台湾东北部的东向流、中国大陆沿岸的南向流和渗透进入外陆架的黑潮水。在夏季风期间,强劲的台湾海峡流携带着大量低盐的南海沿岸水,因此黑潮水的向岸渗透被限制在外陆架(Chern and Wang,1992),从长江注入的部分低盐水沿岸向南流向台湾海峡(Guan,1994)。在冬季风期间,海峡流流量显著减小,南向的中国大陆沿岸流终于进入海峡,黑潮水渗透进入陆架中部,甚至可以沿东海西部一小规模的古谷地扩展到长江三角洲沿岸(Chen et al.,1994)。

2.1.3 沉积环境

冲绳海槽是介于浅海和深海之间的半深海,具有陆架沉积环境与深海沉积环境之间的过渡性质。由于远离大陆,陆源物质的供给受到限制,琉球群岛的屏障作用又使它与太平洋的联系受到影响。另一方面,海槽内存在大量的槽底火山、地震和热液活动,加剧了沉积环境的复杂性和沉积物的多源性。一般将海槽区的沉积环境划分为西侧槽坡上部、下部、槽底及岛坡四个沉积环境(刘炎光,2005;余华,2006)。

西侧槽坡上部以水深 150~500 m 为范围,即大陆坡上段,呈带状展布。现代黑潮主轴流经这一区域,水动力作用强烈。粗粒陆源碎屑沉积占优势,重矿物相对富集,有孔虫和 $CaCO_3$ 含量较高。上部砂质区与外陆架的残留砂连成一片。无论在分布和成因上,都可以认为是陆架残留砂带的继续和延伸(何起祥等,2006)。西侧槽坡下部位于水深500~1 000 m 的西侧槽坡区,黑潮主流在冬末春初时沿 500~1 000 m 等深线北上,使本区的水动力处于季节性增强的环境,从上陆坡来的陆源沉积物经本区进入槽底;另外,本区水深加大使底层水动力大为减弱,陆源物质的影响也减小,生物沉积作用比重加大。

槽底一般位于水深大于 1 000 m 的区域,其沉积物来源多样,包括来自东西两侧槽坡的陆源物质及较强烈的火山和海底热液作用产物;另外,槽底水深较大,具有半深海沉积环境的特点,还有各种沉积过程的相互作用,如火山作用诱发重力搬运沉积,易溶有孔虫的溶解沉积等。总体而言,该区表层沉积物以生物碎屑沉积为主,陆源和岛源及火山沉积为次。

岛坡位于冲绳海槽东侧水深 1 000~2 000 m。该区火山及热液活动强烈,沉积物主要来自琉球岛架,有大量火山活动物质。底质为黏土质粉砂或粉砂质黏土,北部富含火山玻屑,有浮岩;南部火山影响较小,含大量有孔虫,浊流沉积普遍发育。

2.1.4　沉积作用

冲绳海槽地形、地貌特征及其所处沉积环境的多样性决定了其沉积作用的多样性,该区主要的沉积作用类型包括垂直沉降、侧向搬运、火山碎屑沉积、浊流沉积、海底热液沉积等(刘焱光,2005)。

1. 垂直沉降

海水中悬浮物质在重力作用下缓慢沉降是沉积物向海槽输送的主要方式之一。槽底能够堆积的来自上层水体中的悬浮颗粒通量主要取决于到达海洋表面(如河流和风力携带的沙尘)的物质通量,另外还受上层水体中生物生产力的制约。颗粒的垂直沉降作用过程受到颗粒形状、水动力条件、絮凝作用和溶解作用的影响。郭志刚等(2001)开展了冲绳海槽中部和南部进行的悬浮体捕捉实验,分析了区域不同水层中悬浮颗粒通量,发现夏季海槽内水体中的悬浮体浓度极低,表层水和中层水平均值为 0.4 mg/mL,而底层水含量基本小于 0.8 mg/mL。Iseki et al.(2003)的悬浮体研究结果表明,冲绳海槽底层(1 000 m)悬浮体通量要明显大于中层（600～800 m），上层更低；且底层悬浮体的 Al、Ti、Cr、Zn 沉降通量的季节性变化特征相似，显示了其铝硅酸岩-陆源属性。底层悬浮体总通量和陆源碎屑通量都要超过上层和中层，表明垂直沉降作用在东海陆架物质向槽底的输送过程中的贡献并不大。常凤鸣等（2002）认为冲绳海槽的生物碎屑堆积主要来自垂直沉降。其中碳酸盐碎屑占绝大多数，硅质生物碎屑含量小于 1%。

2. 侧向搬运

海槽内底层悬沙通量的变化是陆架区季节性变化（季风引起的上升流和下降流）的结果，而与表层生物作用关系不大，冬季的东北向季风会使底层流携带大量陆架物质以近底"雾浊层"的形式向外海输运（杨作升等，1992）。东海陆架底层水中的悬浮体浓度要远大于表层水，底层形成了"雾浊层"（Hoshika et al.，2003），并且悬浮体浓度从长江口向冲绳海槽方向有逐渐降低的趋势；陆坡边缘在夏季和冬季也都存在近底的"雾浊层"。可见，近底的"雾浊层"是东海陆架物质向海槽侧向输运的主要形式。

3. 火山碎屑沉积

冲绳海槽内分布有两条现代海底火山链，即吐噶喇火山链（位于海槽的东坡）和海槽中央地堑（Sibuet et al.，1998）。火山区海底沉积物极薄，火山上基岩出露，山间盆地只有一些火山灰或火山岩碎块。火山喷出物主要为浮岩碎屑和火山玻璃、火山灰等。火山碎屑沉积主要分布在海槽的北部，中部与南部仅零星分布（Machida，1999）。从样品的分布情况来看，酸性浮岩（包括沉积物中的浮岩夹层）基本纵贯海槽南北并沿岛坡一侧分布；安山岩主要在钓鱼岛附近海域；玄武岩见于海槽南部。火山物质的测年资料表明，冲绳海槽海底火山岩主要形成于上新世以来，但在晚更新世和末次亚间冰期比较频繁（Shinjo，1999；Shinjo and Yuzo，2000）。海槽的中部和北部晚更新世沉积物中存在具有地层对比意义的大型火山喷发记录,如 K‑Ah(6.3 ka)和 AT(24 ka)火山灰层(Machida et al.,1999)。

4. 浊流沉积

冲绳海槽的浊流沉积多发生在海槽南部及西坡(秦蕴珊,2000),主要同南部水深最大,地形最复杂,发育有大量的海底峡谷有关,这些海底峡谷是东海陆架物质进入海槽的主要通道。由于火山‑构造活动、地震活动、风暴及内波等作用,海底峡谷极易形成悬沙浓度高、密度大的浊流,在重力作用下迅速进入海槽,在谷口及更深水区堆积(Chung and Hung,2000),与当地的正常沉积物有巨大的差异。冲绳海槽的浊积层以粗粒和较淡的色调存在于细粒深色的沉积层中,有时两者成交替出现的关系。浊积层的粒径一般较粗,多为细砂和粉砂,多见纹层状层理,含浅海生物壳体。

5. 海底热液沉积

冲绳海槽的海底热液活动也非常剧烈。现代热液活动的调查始于 20 世纪 80 年代,目前仍处于调查阶段,所确认的热液活动区大多集中在海槽中部和南部的伊是名海洼、南奄西海丘、伊平屋海岭及德之岛西海山等区域。详细的矿床学研究多集中于海槽中部的 Jade 热液地(Halbach et al.,1993;Zeng et al.,2002;Liu et al.,2004;翟世奎等,2007),表明 Jade 热液区沉积物具有多种物源,是冲绳海槽复杂、多阶段演化的产物。

2.2　末次盛冰期以来长江入海通量与东海海平面变化

长江每年向东海输送的泥沙高达 4.87 亿 t(Milliman and Meade,1983),是东海大陆架及陆坡沉积物的主要来源。末次盛冰期以来长江入海泥沙的分布格局,从源到汇过程及对海平面变化的响应等问题一直是东海海洋地质研究热点。

国内外学者对东海陆架海平面变化和最低海面位置开展了大量研究,但对 LGM 最低海面位置以及冰后期海平面变化趋势存在分歧,中国东部陆架无法获得一条具有代表性的海面变化曲线。冯应俊(1983)利用数十个测年数据编绘了东海 40 ka 以来海平面变化,认为东海晚更新世最低海平面出现在 15 ka BP 前,其位置与目前东海大陆架外缘坡折线相当,目前水深 140~160 m 一带;这与朱永其等(1979)认为的 150~160 m、彭阜南等(1984)认为的 150 m 以及杨怀仁等(1984)认为的 150~160 m 一致。与之不同的一些学者如 Emery(1971)、秦蕴珊等(1987)则认为末次冰期最盛期海岸线在−130 m 处。当时黄海、渤海已经消失,东海缩小一半以上(汪品先,1990),现今的长江河口处和大陆架均出露成陆,这正是第四纪最后一次冰期最盛期。近几年,Fleming 等(1998)通过计算认为 LGM 以来海面最低在(125±5)m;后来研究(Lembeck and Chappell,2001;辛立国等,2005)认为,均衡海面位置大约在 135 m 之下,与中国东部陆架观测结果一致。

Lembeck 和 Chappell 综合分析 LGM 以来全球最具代表性的海面位置获得的海平面变化曲线,能够代表全球海面变化趋势,被国际学术界广泛接受(李广雪等,2009)。他们将末次盛冰期以来海面上升划分出 8 个阶段。盛冰期古海岸带影响范围在 135~150 m 之间,150 m 以深为冲绳海槽斜坡;在 19 ka BP LGM 结束后经历第 1 个快速上升期(RRP1);在 18.5—15.4 ka BP 间,受 Henrich1(Rhlemann et al.,1999)(16.9—15.4 ka BP)和 Old Dryas 事件(Athanasios et al.,2002)影响海面上升速度缓慢,为第 1 个缓慢上升期(SRP1),平均速度 5 mm/a;末次冰消期(15.4—7 ka BP)存在两个快速上升期(RRP2,3)和两个慢速上升期(SRP2,3),RRP2 受到与 Boling-Allerod(BA)和融冰水事件(MWP‐1a)

影响,RRP3 受到融冰水事件(MWP – 1b)影响(Fairbanks,1989;
Rhlemann et al.,1999),上升速度分别为 15 mm/a 和 17 mm/a。新仙
女木事件(YD)对 SRP2 影响突出(Athanasios et al.,2002),海面上升
速度仅有 6 mm/a。一个降温事件对 SRP3 产生影响(Alley and
Ágústsdóttir,2003),但上升速度较高(11 mm/a)。7 ka 以来,海面进入
高水位期,海面变化不大。

末次盛冰期时东海仅残存冲绳海槽有海水覆盖,面积约 350 000 km²,
仅为现在东海面积的 1/2,东海陆架多出露成陆。LGM 时中国海古岸线
向太平洋方向最大迁移距离超过 1 000 km。对此期间长江入海的地点、
时间,甚至是否有过长江入海等问题因无确切的证据,而存在两种截然
不同的观点(Xiao et al.,2004):一种观点认为,河流与海平面同步下
降,长江在末次冰期盛冰期没有干涸,末次盛冰期低海面时长江仍为入
东海河流(李从先等,1995;李广雪等,2004);另一种观点则认为在 LGM
时候,河流与海是反向退缩,入海河流均已干涸,陆架区曾经发生广泛的
沙漠化(赵松龄等,1984;夏东兴等,1993)。按照前一种观点,LGM 时长
江仍源源不断地将大量陆源物质从中国大陆输送到东部陆架甚至陆坡
区,沉积作用仍在活跃地进行;而后一种观点则认为,长江由西向东的物
质输运过程基本上已经中断,沉积作用主要表现为冰期强劲的风力对先
期沉积物的原地改造。长江携带陆源物质入海过程与东海海平面变化
密切相关,冲绳海槽地区较完整地保存了 LGM 时期东海海相沉积,是
研究长江等河流入海物质源汇过程的天然实验室。

第3章

研究材料与方法

3.1 研究材料来源

本书共涉及3个沉积岩芯(图3-1),分别位于长江口(CM97孔)冲绳海槽中部(DGKS9604孔)以及南部(ODP1202B孔)。本书重点对冲绳海槽地区的两个孔进行分析和讨论。

DGKS9604孔为1996年国家海洋局和法国海洋开发研究院合作开展的东海海洋地质与地球物理研究项目获取的重力活塞柱状样,由国家海洋局第一海洋研究所的刘振夏研究员提供。该钻孔位于冲绳海槽中段西部陆坡(28°16.64′N,127°01.43′E),水深766 m(图3-1),柱长10.76 m,处于现代黑潮主流控制之下。钻孔的沉积岩相学研究显示,岩芯沉积过程中浊流作用不明显(余华,2006)。

1202B孔是大洋钻探计划(ODP)195航次2001年4—5月在冲绳海槽西南端获取4个钻孔之一。该孔位于西南冲绳海槽南部陆坡(24°48.25′N、122°30.01′E,水深1 274.1 m),钻井深度140.5 m。ODP1202B孔沉积物以暗灰色或绿灰色泥质粉砂为主,无浊流沉积(Wei,2006)。ODP1202孔为研究晚第四纪以来冲绳海槽南部高分辨

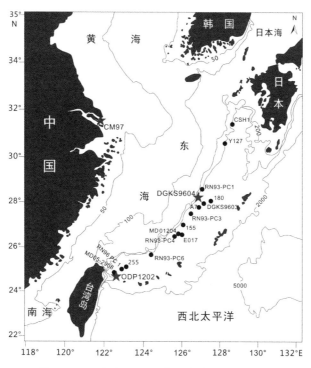

图 3 - 1　研究站位图(五角星为本文研究岩芯,圆点为前人研究钻孔)

率的古海洋学变化及黑潮演变提供了不可多得的宝贵材料。2008 年 12 月我们从日本高知 ODP 岩芯库申请到该岩芯。

　　CM97 钻孔位于长江口崇明岛上(31°37.48′N, 121°23.63′E),孔深 70.45 m,高程+2.48 m,取芯率 90%以上。该岩芯为 1997 年由日本地质调查局(GSJ)的 Yoshiki Saito 博士和同济大学海洋与地球科学学院合作采集。

3.2　各岩芯沉积学特征及年龄

3.2.1　DGKS9604 孔

　　DGKS9604 孔整个岩芯呈深灰色,岩性比较均匀,基本为黏土质粉砂,但有个别层位含有贝壳碎片、海绵骨针、冲刷泥砾或自生黄铁矿等,具体描述如下:280～282 cm,292～294 cm,300～302 cm,328～330 cm 含有贝壳碎屑;384～386 cm 含有自生黄铁矿、泥砾;958～960 cm 有较多泥砾,且有大量的海绵骨针,直径 0.5 mm,长 2～4 mm;960～982 cm,1 025 cm,1 040 cm 处多泥砾;1 040～1 074 cm 多泥砾,周围裹有氧化铁斑点,其中 1 056～1 058 cm 之间有较多贝壳碎片、自生黄铁矿;1 058～1 060 cm 有大量贝壳碎片;1 062 cm 处有泥砾。

DGKS9604 孔 AMS[14]C 测年由余华博士完成(余华,2006;Yu et al.,2009)完成。对于 454—20 765 a 的原始测年数据采用 CALIB 4.4 程序(Stuiver et al.,1998)进行日历年龄校正。400 a 的大气与海水间的全球碳储库差异由程序自动减去。对大于 20 765 a 的 AMS[14]C 年龄则采用"Fairbanks0805"校正曲线进行校正(Richard et al.,2005)。可能是受再沉积作用的影响,该岩芯 520～522 cm 层位 AMS[14]C 年龄相对于上部层位出现倒转,建立年代地层序列时去掉了这个年龄控制点。9604 孔主要记录了冲绳海槽中部末次冰期约 37 ka 以来的海洋环境演化(表 3-1),0—5 ka 之间每个样品的时间分辨率为 100 a,5—26 ka 之间,每个样品的分辨率大约为 170 a,26—37 ka 之间,每个样品的分辨率大约为 270 a。

表 3-1　DGKS9604 岩芯 AMS[14]C 测年结果(Yu et al.,2009)

深度/cm	Conventional AMS ^{14}C age/ a	$\delta^{13}C$	日历年/a	测年材料
40～42	2 230±30	1.22‰	1 827(1 758—1 891)	N. dutertrei
70～72	3 670±35	1.52‰	3 572(3 485—3 654)	N. dutertrei
120～122	5 430±40	1.76‰	5 799(5 699—5 889)	N. dutertrei
220～222	10 900±60	0.96‰	12 339(11 937—12 811)	N. dutertrei
322～324	14 100±80	0.9‰	16 334(15 855—16 827)	N. dutertrei
420～422	18 550±95	0.79‰	21 456(20 767—22 164)	N. dutertrei
520～522	15 200±80	1.09‰	17 603(17 076—18 156)	N. dutertrei

续　表

深度/cm	Conventional AMS ^{14}C age/ a	δ^{13}C	日历年/a	测年材料
639～641	23 500±120	1.2‰	27 620(27 467—27 773)	N. dutertrei
759～761	26 000±150	1.16‰	30 800(30 667—30 933)	N. dutertrei
920～922	29 000±180	1.17‰	33 264(32 952—33 576)	N. dutertrei
1 071～1 074	32 500±610‰	0.81‰	37 010(36 356—37 664)	混合种

注：括号中的年龄范围为 1δ 的置信区间。

DGKS9604 孔 δ^{18}O、粒度特征、沉积速率见图 3-2。

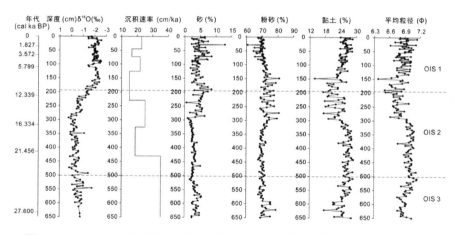

图 3-2　DGKS9604 孔 AMS^{14}C 测年、δ^{18}O、沉积速率与粒度特征(Yu et al.，2009)

该孔沉积物以粉砂为主,粉砂含量为 60.7%～80.9%,平均为 70.2%;其次为黏土,黏土含量为 14.0%～30.1%,平均为 25.7%;细砂含量为 0.6%～13.3%,平均为 4.2%;平均粒径为 6.3～7.1 Φ,平均值为 6.9 Φ。整段岩芯粒度组成比较均匀,基本为细粉砂。细砂含量在冰消期和冰后期明显高于末次冰期阶段,粉砂和黏土的比值在冰消期海面上升阶段(15—6 ka)波动性变化特别显著,可能是由于海面快速上升导致研究区水动力环境不稳定造成;从粒度组成上来看,岩芯中没有出现明显的浊流沉积层。28 ka 以来,9604 孔沉积速率变化很大,LGM 之前最高,达 35 cm/ka;LGM 时沉积速率降低至 19 cm/ka。冰消期初段 (16.2—12.7 ka)沉积速率有所回升达 25 cm/ka;之后到全新世中期 (6.1 ka)期间沉积速率最低,为 15 cm/ka;全新世中期以来,沉积速率稍 有所波动稳定在 22 cm/ka。

3.2.2 ODP1202 孔

ODP1202 孔 11 个 AMS^{14}C 测年在新西兰地质与核科学研究所放 射性碳实验室完成(Wei et al.,2004;表 3-2)。对于小于 20 265 a 原始 测年数据采用 CALIB 4.4 程序(Stuiver et al.,1998)进行了日历年龄 校正。400 a 的大气与海水间的全球碳储库差异由程序自动减去。对于 20 265 a 原始测年数据采用 Bard et al.(1998)公式来校正为日历年龄:

$$[cal\ BP] = -3.012\ 6 \times 10^{-6} \times [^{14}C\ age\ BP]^2 +$$
$$1.289\ 6 \times [^{14}C\ age\ BP] - 1\ 005$$

校正后的日历年龄显示 ODP1202B 上部 110 m 记录了 28 ka 以来的 海洋环境演化,每个样品的时间分辨率大约为 255 a。ODP1202 孔 AMS^{14}C 测年结果如表 3-2 所示。ODP1202 孔沉积速率、粒度和黏土矿 物特征如图 3-3 所示。ODP1202 孔沉积速率变化范围为 1.5~9 m/ka, 如此高的沉积速率在冲绳海槽地区罕见。以前发表的数据显示冲绳海槽

表 3-2 ODP1202 岩芯 AMS^{14}C 测年结果(Wei et al.,2005)

	材 料	^{14}C year BP	偏 差	日历年 BP
1.92	scaphopoda	1 783	45	1 295
10.88	planktics	3 153	40	2 886
20.48	planktics	5 135	45	5 486
31.35	planktics	8 554	70	8 971
39.35	planktics	10 205	55	11 074

续 表

	材 料	^{14}C year BP	偏 差	日历年 BP
77.35	planktics	13 340	95	15 111
83.79	planktics	17 111	70	19 753
88.35	planktics	18 478	90	21 328
96.35	planktics	19 810	100	22 859
101.38	planktics	20 910	120	24 998
109.1	planktics	23 430	140	27 911

南部沉积速率约为 0.5 m/ka。RN96 – PC 孔(24°58.5′N，122°56.1′E)平均速率为 0.4 m/ka(Ujiié et al.，2003)，而稍北部 255 孔(25°12′N，123°07′E)过去 8 ka 的沉积速率为 0.6 m/ka(Jian et al.，2000)。

ODP1202B 孔在过去 28 ka 沉积了 110 m(Wei et al.，2005)，比周围其他钻孔的沉积速率高一个数量级。这么高的沉积速率表明 1202B 孔处在冲绳海槽南部的沉积中心。特别是在沉积速率最高的阶段(11—15 ka)，短短 4 ka 沉积了 37 m 厚沉积物，平均速率接近 10 m/ka。

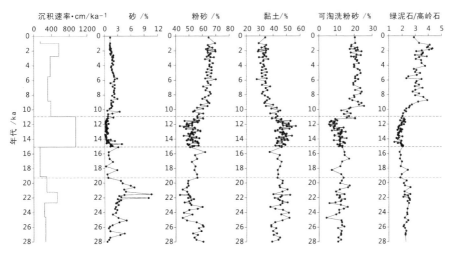

图 3 - 3 ODP1202 孔沉积速率、粒度和黏土矿物特征
(Wei et al.，2005；Diekmann，et al.，2008)

ODP1202孔沉积物主要由陆源黏土和粉砂组成,粗粒组分($>$63 μm)只占沉积物组成的1%—6%,且大部分为有孔虫。而在沉积速率最高的阶段(—9 m/ka,11—15 ka),沉积物中粗颗粒组分小于1%,此阶段陆源物质的稀释影响,使得用于AMS[14]C测年和同位素分析的有孔虫不足。20 ka以前沉积物中砂含量较高,平均值为3.3%,此后降为1.5%左右。11 ka以来粉砂含量明显升高,平均值大于60%;相应地,11 ka以来沉积物中黏土含量明显降低,由之下的46%降为34%左右。绿泥石/高岭石比值在11 ka以来亦明显升高(Diekmann et al.,2008)。

3.2.3 CM97 孔

研究表明,长江口地区冰后期沉积厚度可达70 m以上,自下而上形成一套较完整的海侵海退层序,由河床相、河漫滩-河口湾相、浅海相及三角洲相组成(李从先和汪品先,1998;杨守业,2006),该孔AMS[14]C测年(表3-3)见Hori et al.(2001)。

表 3-3 CM97 孔 AMS[14]C 测年结果(Hori et al.,2001)

样　品	深度/m	材　料	[14]C age (yr BP)	Conventional ^{14}C age (yr BP)
CM - A7 - 931	6.83	Molluscan shell	1 840±50	2 140±50
CM - B20 - 2048	18.00	Molluscan shell	1 510±50	1 830±50
CM - B20 - 2053	18.05	Molluscan shell	1 850±50	2 130±50
CM - B20 - 2073	18.25	Molluscan shell	1 690±50	1970±50
CM - B21 - 2265	20.17	Molluscan shell	4 050±50	4 450±50
CM - B22 - 2392	21.44	Molluscan shell	4 580±50	4 980±50
CM - B23 - 2463	22.15	Molluscan shell	5 150±50	5 490±50
CM - B23 - 2543	22.95	Molluscan shell	6 010±50	6 390±50

样　品	深度/m	材　料	^{14}C age (yr BP)	Conventional ^{14}C age (yr BP)
CM - B24 - 2734	24.86	Molluscan shell	7 040±50	7 430±50
CM - B25 - 2899	26.51	Molluscan shell	8 400±50	8 680±50
CM - B31 - 4020	37.72	Molluscan shell	9 740±50	10 000±50
CM - B41 - 6106	58.58	Snail shell	10 820±50	11 140±50

注：AMS^{14}C 年龄未经海洋碳储库校正。

0～20.1 m 主要为三角洲相沉积。由下至上有三角洲前缘、河口砂坝沉积、三角洲平原沉积。下部为褐色粉砂质黏土夹青灰色、灰黄色粉砂或成互层状，水平纹层发育，粒级向上变粗；有孔虫含量较高，每克可达 300 枚，为三角洲前缘沉积。中部为深灰色细砂、粉砂夹褐色黏土沉积，具波状纹层与小型交错层理，有孔虫及介形虫含量较少，此层为河口砂坝沉积。上部由灰黄色泥质粉砂及粉砂质泥组成，平行纹层及水流波痕发育，植物根系常见。有孔虫及介形虫含量在钻孔中最高，底栖有孔虫含量可达 400 枚/g，表明本层受潮流影响明显，潮流作用构造也比较发育。该层为三角洲平原沉积。

20.1～30.0 m 为浅海相或前三角洲相沉积。深灰色至褐色黏土为主，含薄粉砂层与贝壳层，贝壳质量分数高，泥质含量大于 90%。微体化石绝对含量较低。从 25 m 左右向下，砂质增多，常见砂质透镜层及冲刷充填构造。30.0～43.2 m 为河口湾-滨浅海相。底部为青灰色至深灰色砂与泥互层，含泥屑及贝壳碎片，化石少。中部为互层状粉砂与黏土质粉砂，羽状交错层理及再作用面构造常见，具双向水流波痕；上部为粉砂质砂与粉砂质黏土互层，粒级向上变细，具透镜状层理、水流波痕。

43.2～60.3 m 为河漫滩-河口湾相。青灰色纹层状粉砂质砂与泥互层。顶部为互层状青灰色粉砂与粉砂质砂,下部波状层理及流水波痕发育,透镜状层理常见。该沉积层与下伏层渐变。

60.3～70.5 m 为河床相沉积。青灰色-深灰色极细砂与中砂,底部存在砾石,含一些泥屑,泥的质量分数小于 10%。槽状交错层理发育,且向上变薄。可见流水波痕,化石少见,未发现海相微体化石。含植物碎屑。

3.3 分 析 方 法

3.3.1 元素地球化学分析

在研究过程中,我们对 DGKS9604 孔、ODP1202 孔、CM97 孔全岩酸不溶相样品进行常微量元素测试,同时还对 DGKS9604 孔小于 2 μm 的黏土粒级沉积物进行元素组成的测试。

1. 样品前处理

取 2 g 样品放入编号的离心管,根据样品含碳酸钙含量情况向离心管里加入适量 1 N 的高纯盐酸,然后 60℃ 水浴震荡,让样品和酸充分反应。将充分反应的样品离心,将上层清液倒入方形溶液瓶中,剩下离心管中的沉淀物用去离子水反复清洗,直至 pH＝7。将离心管中的样品移入坩埚,放入烘箱 50℃ 低温烘干,将烘干的样品磨碎用锡纸包好。

2. 常、微量元素样品处理流程

把之前处理好的干样(约 100 mg)放入坩埚,在 600℃ 温度下灼烧 2 h,然后保温一段时间后再取出,将样品放入小纸包中。称样品 30～45 mg,放入溶样器中。同时做一个重复样、一个空白样和三个标准样。向样品中加入 1∶1 HNO$_3$,约 1 mL,再加入纯 HF 约 3 mL,再超声震荡

1 h。之后,在加热板上保温 24 h(150℃),将样品蒸干;再加 1 mL
1∶1 HNO₃,5 min 后加 3 mL HF。然后放到加热板上保温 7 d,在此期
间每天超声一次,每次至少 30 min。

保温完毕后,将样品蒸干,然后加入 1∶1 HNO₃约 4 mL,再超声震
荡 30 min,放到加热板上,保温,温度为 150℃。用 2%的 HNO₃稀释样
品至样品重量的 1 000 倍,作为主量元素的待测溶液;在稀释 1 000 倍后
的溶液中取出 4 g 左右,稀释 10 倍,作为微量元素的待测溶液。

常微量溶液分别采用 ICP‐AES(IRIS Advantage)和 ICP‐MS 进
行分析(PQ3, Thermo Elemental)。分析中使用国家标样(GSR‐5,
GSR‐6,GSR‐9)、空白样进行校正。测量结果显示,常微量元素的分
析误差在 5%～10%之间。该部分实验的前处理及测试工作在同济大
学海洋地质国家重点实验室完成。

3.3.2　黏土矿物分析

选择 DGKS9604 孔进行黏土矿物测试。样品用 0.5% HCl 反应去
除碳酸钙后,用去离子水反复清洗,直到具有抗絮凝作用发生。根据
Stokes 原理所确定的沉降时间,将小于 2 μm 的用针管吸出,采用滴片
法制成样品定向薄片。

仪器测试日本理学 D/max‐rB 型转靶 X 射线衍射仪,工作电压
40 kV,工作电流 100 mA,防发散狭缝(Ds)和防散射狭缝(SS)均为 1°,
接受狭缝(Rs)为 0.3 mm,步长 0.02°(2θ),X 射线波长 λ=1.541 78 nm
(Cu Kα),Ni 滤波片;连续扫描,扫描速度为 2°/min(2θ);自然片扫描范
围为 3°～35°(2θ);扫描后用乙二醇饱和 48 h(EG 片),晾干;EG 片的扫
描范围同自然片。

黏土矿物的鉴定和解释主要依据三种测试条件下获得的 XRD 叠
加波谱的综合对比,每个波峰参数的半定量计算使用 MacDiff 软件

(Petschick，1996)在乙二醇曲线上进行,分析误差约 5%。黏土矿物的相对含量主要使用(001)晶面衍射峰的面积比,蒙脱石(含伊利石/蒙脱石随机混层矿物)采用 1.7 nm(001)晶面,伊利石采用其 1 nm(001)晶面,高岭石(001)和绿泥石(002)使用 0.7 nm 叠加峰,它们的相对比例通过拟合 0.357 nm/0.354 nm 峰面积比确定。黏土矿物实验在青岛国家海洋局海洋地质与环境地质重点实验室完成。

3.3.3　生物硅、TOC 和 $CaCO_3$ 分析

生物硅采用硅钼蓝比色法进行测试。主要步骤：将 150 mg 干样用 10% 的 H_2O_2 和 1 M 的 HCl 分别除去样品中的有机质和碳酸盐,离心、烘干后再用 2 M 的 Na_2CO_3 溶液萃取样品当中的生物硅。含硅溶液与钼酸铵溶液混合后产生硅钼黄,继续加入抗坏血酸溶液生成硅钼蓝。用分光光度计测试溶液的吸光度,并进一步换算成生物硅含量。该方法经重复实验证明误差小于 3%。

总有机碳(TOC)分析取样过程中尽量采集原生沉积样品,避免次生结核。用浓度为 1 N 的高纯盐酸处理样品以去除碳酸盐矿物,再用去离子水反复清洗样品,直至没有残留盐酸。将样品低温烘干,研磨至过 200 目筛供 TOC 分析;另外,采用去离子水清洗过的沉积物样品进行总碳(TC)分析,进而估算出碳酸盐($CaCO_3$)组成。运用 EA1110 型有机元素分析仪(意大利 Carlo-Erba 公司)测试沉积物中 C、N 含量,以纯有机化合物 Crystine、Sulphanilamide 和 Methionine 作为标样,分析精度为 0.3%。实验在同济大学海洋地质国家重点实验室完成。

3.3.4　Sr‐Nd 同位素分析

选择 DGKS9604 孔沉积物样品进行了 Sr、Nd 同位素测定。在超净实验室内将 1 g 左右样品洗盐后,运用 1 N 的高纯盐酸 20 mL 淋洗并

60℃恒温,振荡处理 24 h,然后低温烘干并研磨至 200 目。由于冲绳海槽沉积物较少含有生源蛋白石(<5%)和自生铁锰氧化物,因此认为除去自生碳酸盐的样品基本属于硅酸盐碎屑。取一定量样品,经化学处理后过离子交换柱分离 Sr 和 Nd,采用多接收器等离子体质谱 MC ICP - MS 分析,用标准物质 Shin Etsu JNdi - 1 和 Nd - GIG 来监控分析质量,^{143}Nd/^{144}Nd的测试值分别为 0.512 120±8 和 0.511 530±7。Sr - Nd 同位素分析在中国科学院广州地球化学研究所同位素地球化学实验室完成。

第 **4** 章

长江口冰后期沉积物元素组成与物源示踪意义

4.1 概　　述

　　边缘海沉积物从源到汇的研究中,河口无疑起到承上启下的作用,它不仅接纳河流搬运来的沉积物,使其成为陆源物质入海的一个沉积汇。另外,河口地区的沉积物在复杂的海洋动力条件下,又可能被各种流系带到陆架甚至更深远海区,而使其成为海洋中陆源沉积物的一个重要的源。河口沉积物是出露地表的岩石经风化、剥蚀、由河流搬运到河口地区沉积作用而形成,其物质组成是源岩从风化剥蚀到沉积整个过程的综合反映,因此它们记录了流域源岩属性,风化、剥蚀、搬运和成岩作用及沉积环境等多方面的信息。

　　目前,在中国东部边缘海区表层与岩芯沉积物示踪研究中,地球化学方法被广泛使用。多数学者采用现代长江、黄河等河流的表层或悬浮沉积物的地球化学组成作为海区物源判别的端员。对于边缘海现代沉积物的物源判别而言,这些现代河流入海的物质平均组成可以作为物源端员。然而,对于边缘海陆架上的残留沉积、再悬浮搬运沉积或是地质历史时期

（岩芯）的沉积物物源判别,用现代河流入海物质平均组成就不一定合适,因为这些河流入海物质组成可能在不同时期存在明显变化。显然,研究长江与黄河等在不同时期入海沉积物组成的变化对于更精确判别东部边缘海的沉积物物源有重要意义。晚更新世以来,长江与黄河等入海河流沉积物可能受到源区风化、海区沉积环境变化甚至人类活动等多因素影响,其物源是否稳定是一个值得探讨的问题。另外,如前所述,晚更新世长江与黄河的入海流路一直是困扰科学界的关键问题,这也增加了陆海相互作用和海区沉积物物源判别研究的难度。尤其是黄河在晚第四纪如LGM时是否入海一直存有争议,而冰消期至全新世黄河河道在华北平原和苏北黄淮海平原多次迁徙,迄今也没有确切的定论。相对而言,长江在冰后期以来河道相对稳定,但目前对其入海物质组成变化规律了解仍然不够清楚。本章选取长江口地区 CM97 钻孔来研究长江冰后期沉积物地球化学组成变化及其控制因素,剖析冰后期长江口沉积物物源的稳定性。

4.2　CM97 孔酸不溶相组分的元素地球化学特征

4.2.1　不同沉积相元素组成特点

长江口地区冰后期沉积厚度可达 70 m 以上,自下而上形成一套较完整的海侵海退层序,由河床相、河漫滩-河口湾相、浅海相及三角洲相组成(李从先和汪品先,1998;杨守业,2006)。

CM97 孔位置、沉积地层与沉积相情况详见第 3 章。其中,0～20.1 m 主要为三角洲相沉积。下部为褐色粉砂质黏土夹青灰色、灰黄色粉砂或成互层状,水平纹层发育,粒级向上变粗;上部由灰黄色泥质粉砂及粉砂质泥组成,平行纹层及水流波痕发育,植物根系常见。20.1～

30.0 m 为浅海相或前三角洲相沉积。主要为深灰色至褐色黏土,含薄粉砂层与贝壳层。从 25 m 左右向下,砂质含量增大。30.0~43.2 m 为河口湾-滨浅海相。底部为青灰色至深灰色砂与泥互层。下部为互层状粉砂与黏土质粉砂,羽状交错层理常见;上部为粉砂质砂与粉砂质黏土互层,粒级向上变细。43.2~60.3 m 为河漫滩-河口湾相。青灰色纹层状粉砂质砂与泥互层。60.3~70.5 m 为河床相沉积。青灰色-深灰色极细砂与中砂,底部存在砾石,含一些泥屑。

CM97 孔不同沉积相中元素变化有明显的规律性(图 4-1 和图 4-2)。大部分常量、微量元素与沉积物粒度的垂向变化趋势非常一致,而 Na_2O、CaO 等元素变化趋势与之相反。

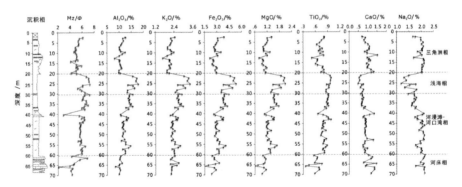

图 4-1 CM97 孔沉积物中酸不溶相组分的平均粒径与常量元素含量垂向变化

上部三角洲相平均粒径粗,大部分元素含量在整个岩芯沉积物中最低,一些不活泼微量元素包括 Sc、Rb、La、Hf、Th、Zr、Nb 等在三角洲相中含量波动较大,可能与水动力造成沉积物粒度的分异有关。CaO、Na_2O 含量与趋势其他元素相反,在三角洲相含量最高。

浅海相(前三角洲相)沉积物粒度最细,大部分元素含量在钻孔中达到最高值,其中 Al_2O_3、K_2O、TFe_2O_3、Rb、Th、Nb 等易在黏土中富集的元素随粒度变化含量明显增高,反映粒度对元素含量的控制。Na_2O、CaO 等元素含量较低。

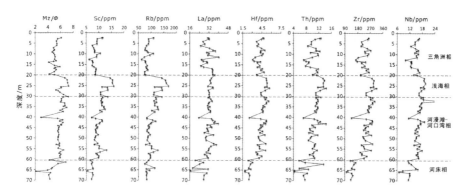

图 4-2　CM97 孔沉积物中酸不溶相组分的微量元素含量垂向变化

河漫滩-河口湾相沉积物中元素组成相对稳定,含量比三角洲相略高而比浅海相稍低。相比其他元素,稀土元素和 Zr 在河口湾相沉积物中含量波动较大,可能反映河口湾相黏土与粉细砂粒级互层,不同粒度沉积物中一些重矿物如锆石、榍石、独居石等富集程度不同,而造成这些元素含量的分异。

河床相中沉积物粒度波动很大,常量和微量元素含量的变化也明显大于其他沉积相。过渡金属元素如 TFe_2O_3、Zn、Pb、Co、Ni、Mn、Cu 等最明显。可能是冰消期低海平面时,河床坡降变大,河流下切,海退过程中将大量河流中下游基岩侵蚀成分带入河流中有关。由于长江中下游地区岩浆岩相当发育,且伴生有多种金属矿产,从而使得这些金属元素的含量在河流相沉积物中显著增大(杨守业等,1999)。

由于 CM97 孔不同沉积环境的沉积物粒度变化较大,沉积物中酸不溶相组分的常、微量元素组成明显受粒度影响,在细粒沉积物中富集的元素 Sc、Rb、Hf、Th 和 Ta 等元素含量的变异系数大于20,垂向变化显著。元素 Zr 含量的变异系数为21,可能主要反映了不同粒级组分中重矿物含量差异对元素组成的分异影响。CM97 孔沉积物元素组成与现代长江下游南通水文站悬浮物的酸不溶相组分相比,现代悬浮物中大部分元素与颗粒相对较细的浅海相沉积物组成相近(表 4-1),而粒径较粗的三角洲相和河口湾相沉积物与现代悬浮沉积物元素组成相差较大，进一步反映了沉积物粒度对元素组成的制约。

表 4-1 CM 97 孔沉积物中酸不溶相组分的常量和微量元素组成

常量元素	数量	年代	Al$_2$O$_3$	CaO	TFe$_2$O$_3$	K$_2$O	MgO	MnO	Na$_2$O	P$_2$O$_5$	TiO$_2$
三角洲相	24	0—4.0	10.71	1.02	2.91	2.14	1.11	0.03	2.00	0.02	0.72
浅海相	9	4.0—8.8	15.54	0.64	4.48	2.98	1.77	0.03	1.50	0.03	0.92
河口湾相	39	8.8—10.9	12.79	0.84	3.38	2.48	1.39	0.03	1.90	0.02	0.84
河床相	8	10.9—11.4	10.10	1.14	2.51	2.31	0.97	0.03	2.07	0.02	0.59
全孔平均	80	0—11.4	12.15	0.91	3.26	2.41	1.30	0.03	1.90	0.02	0.78
标准偏差	80	0—11.4	2.04	0.22	0.72	0.33	0.29	0.00	0.22	0.01	0.12
变异系数	80	0—11.4	17	24	22	14	23	13	12	25	16
长江悬浮体	51	—	18.5	0.60	4.35	3.42	1.40	0.02	1.15	0.09	1.07

微量元素	数量	年代	Sc	Rb	Y	Zr	Nb	La	Hf	Th	Ta
三角洲相	24	0—4.0	8.66	84.68	17.80	227.08	14.58	31.60	4.14	10.27	1.29
浅海相	9	4.0—8.8	13.45	138.62	20.01	279.52	18.14	33.21	5.05	12.73	1.55
河口湾相	39	8.8—10.9	10.16	102.60	19.02	248.70	16.60	32.43	4.51	10.67	1.50
河床相	8	10.9—11.4	6.87	86.79	13.23	138.11	11.76	23.94	2.47	7.31	1.00

续　表

微量元素	数量	年代	Sc	Rb	Y	Zr	Nb	La	Hf	Th	Ta
全孔平均	80	0—11.4	9.68	99.38	18.07	232.27	15.59	31.24	4.21	10.37	1.39
标准偏差	80	0—11.4	2.23	21.82	2.75	48.79	2.71	4.58	0.88	2.07	0.36
变异系数	80	0—11.4	23	22	15	21	17	14	20	34	26
长江悬浮体	51	—	17.1	162.5	18.7	168.9	20.3	31.9	6.08	18.4	1.68

注：常量元素单位为%，微量元素单位为 μg/g；年代单位为 ka；变异系数＝标准偏差/平均值×100；长江悬浮体为长江下游南通附近悬浮体样品，也是 1 N 盐酸淋滤后的酸不溶相元素含量，为未发表数据。

4.2.2　不活泼元素比值与稀土元素参数特征

元素比值是重要地球化学参数之一，不仅可以表明元素之间的比例关系，而且元素比值的变化还可以反映元素的相对富集或分散程度。特别是有些地质体在正常情况下具有一定的元素比值，该值可以作为特征值用于判断某些元素的亏损或富集。根据元素比值的变化可以有效地提供沉积作用和沉积环境的演化信息。本文选取一些性质稳定、相关性较强的微量元素进行元素比值的计算(图 4-3)。

稀土元素地球化学研究中，$(La/Yb)_{UCC}$，$(Sm/Gd)_{UCC}$，$(Gd/Yb)_{UCC}$作为表征稀土元素分馏特征的重要参数。由于镧系收缩，稀土元素在表生环境中的地球化学性质比较接近，主要以三价态形式存在，而仅有轻稀土元素 Ce 和 Eu 可以出现价态异常，即 Ce 可以呈现四价态，Eu 可以呈现二价。通常 Ce 异常(δCe)和 Eu 异常(δEu)是研究沉积物形成过程中的氧化-还原条件变化和源区风化程度变迁的重要指标。它们的计算公式分别为：

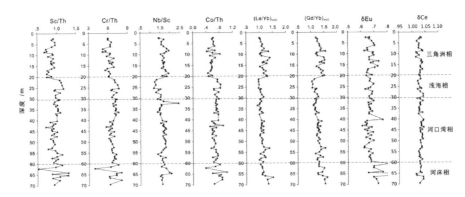

图 4-3   CM97 孔沉积物中酸不溶相组分的不活泼元素比值与稀土元素参数垂向变化

$$\delta Ce = Ce_N / (La_N \times Pr_N)^{\frac{1}{2}}$$

$$\delta Eu = Eu_N / (Sm_N \times Gd_N)^{\frac{1}{2}}$$

式中，Eu_N，Sm_N，Gd_N，Ce_N，La_N，Pr_N为球粒陨石标准化值。

Sc/Th、Cr/Th、Nb/Sc、Co/Th 等元素比值在 CM97 岩芯中的垂向变化与稀土元素参数$(La/Yb)_{UCC}$、δEu 具有很好的一致性，上部三角洲相和下部河床相沉积物中各参数波动较大，中部浅海相与河口湾相中则相对稳定。CM97 孔的总稀土元素(ΣREE)含量在 67.2～187.7 $\mu g/g$，多大于 110 $\mu g/g$。三角洲相与河床相沉积物的稀土元素分异参数包括$(La/Yb)_{UCC}$、$(Gd/Yb)_{UCC}$、$(Sm/Nd)_{UCC}$ 和 δEu 等变化较大，表明 CM97 孔稀土元素分异明显。除河床相外，其他沉积相中大部分沉积物的 δEu 在 0.6～0.7 之间变化，δCe 在 1～1.05 之间，总体变化不大。与现代长江与黄河沉积物的 δEu 和 δCe 相近，反映了典型的上陆壳稀土元素组成特征。

4.3　CM97 孔元素组成的控制因素与物源判别

由以上分析可知，冰后期长江口沉积物不同沉积相中元素组成有明显的差异。一般认为控制沉积物组成的因素主要包括：流域源岩、气候影响的化学风化与物理风化、水动力作用、沉积盆地地形、沉积环境、沉积介质的物理化学性质、成岩及变质作用等(Nechaev and Isphording，1993)。

长江流域主要位于扬子地台上，构造复杂，流域面积大，沉积物的物质来源比较复杂，目前还未找到整个流域地层的平均成分，也难以用一两种岩石作为代表(屈翠辉等，1984)。长江流域火成岩明显发育，尤其在中上游及下游地区中酸性火成岩多有出露，伴随的多种金属矿点也比黄河流域广泛(陈静生等，1986)。燕山成矿期酸性岩类有关的矿产如Mo、Be、Cu、Pb、Zn、Nb、REE 等及与中性或中偏基性火成岩有关的 Fe、Cu 等矿床广泛发育，形成了长江流域岩石中大多数过渡金属元素(如铁族元素 Fe、Mn、Ti、V、Cr、Co、Ni 及亲铜元素 Cu、Pb、Zn 等)组成具有较高的背景值。CM97 孔位于长江河口地区，河口区沉积物在河流剥蚀、搬运及沉积过程中平均化效应明显(Goldstein et al.，1984)，其沉积物元素地球化学组成可以近似地代表各级汇水盆地的平均值(Ottesen et al.，1989)。因而，CM97 孔沉积物可以认为是长江流域沉积物的均一混合，代表不同时期长江入海沉积物的平均组成。

化学风化时 Na、Ca 最易迁移、淋失，Mg 在强烈化学风化时也易活动，而 K、Al 及 Fe 元素则多保存在风化形成的黏土中而产生聚集。长江流域较强化学风化造成淋溶作用强，可溶性盐类大量淋失，因此尽管在长江中上游虽然存在大量碳酸岩，但沉积物中碱、碱土金属含量却较低；而活动性相对较弱的元素如 Sc、Ti、Al、Fe、Th、Cr 等多残留下来(杨守业等，1999；Yang et al.，2004)。平均粒径(Mz)、化学风化指数(CIA)与不活泼元素(TiO$_2$、Sc、δEu、δCe 等)相关图解(图 4-4)用于研究沉积物粒度和化学风化对 CM97 孔沉积物元素组成的影响。Mz，CIA 值、Al$_2$O$_3$、TiO$_2$、Sc、Rb、Y、Zr、Nb、Cs、La、Ce、Ta、Th、Hf、δEu 以及 δCe 等参数的相关系数如表 4-2 所示。

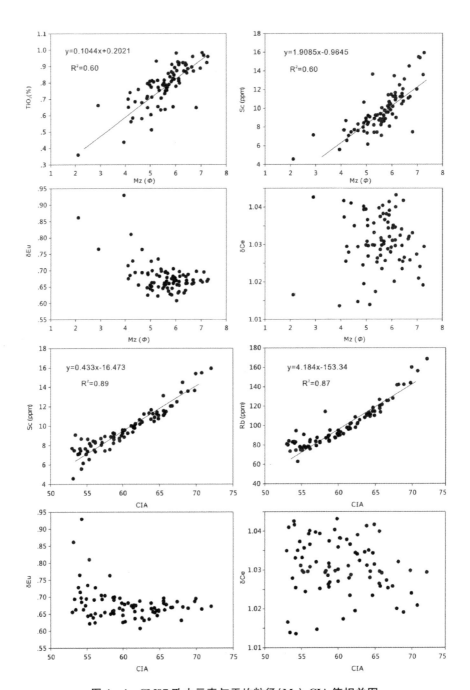

图 4-4　CM97 孔中元素与平均粒径（Mz）、CIA 值相关图

表 4-2　长江口 CM97 孔沉积物平均粒径 (Mz: Φ)、化学风化指数 (CIA) 以及一些元素间相关系数

元素	Mz	CIA	Al$_2$O$_3$	TiO$_2$	Sc	Rb	Y	Zr	Nb	Cs	La	Ce	Ta	Th	Hf	δEu	δCe
Mz	1.00																
CIA	0.78	1.00															
Al$_2$O$_3$	0.76	0.97	1.00														
TiO$_2$	0.77	0.81	0.83	1.00													
Sc	0.78	0.94	0.96	0.87	1.00												
Rb	0.65	0.93	0.96	0.68	0.92	1.00											
Y	0.65	0.58	0.57	0.87	0.69	0.42	1.00										
Zr	0.71	0.76	0.71	0.84	0.78	0.60	0.88	1.00									
Nb	0.70	0.76	0.75	0.89	0.80	0.65	0.83	0.84	1.00								
Cs	0.71	0.96	0.97	0.74	0.94	0.98	0.49	0.68	0.71	1.00							
La	0.46	0.33	0.34	0.76	0.49	0.18	0.86	0.69	0.68	0.25	1.00						
Ce	0.45	0.30	0.32	0.75	0.46	0.15	0.86	0.68	0.66	0.22	1.00	1.00					
Ta	0.50	0.53	0.50	0.60	0.53	0.44	0.52	0.55	0.69	0.49	0.46	0.45	1.00				
Th	0.67	0.68	0.67	0.85	0.78	0.56	0.84	0.82	0.79	0.64	0.76	0.75	0.53	1.00			
Hf	0.71	0.75	0.70	0.84	0.78	0.58	0.89	1.00	0.84	0.67	0.70	0.70	0.56	0.83	1.00		
δEu	-0.53	-0.31	-0.28	-0.68	-0.42	-0.09	-0.77	-0.65	-0.61	-0.21	-0.85	-0.86	-0.41	-0.71	-0.66	1.00	
δCe	0.00	-0.14	-0.15	0.08	-0.15	-0.23	0.11	0.02	0.00	-0.21	0.18	0.24	0.00	0.02	0.04	-0.30	1.00

CM97 孔沉积物平均粒径(Mz)与大部分相对不活泼的元素具有很高的相关性,其中与 Al_2O_3、TiO_2、Sc、Rb、Y、Zr、Nb、Cs、Th 以及 Hf 等元素相关系数均大于 0.65;化学风化指数(CIA)与平均粒径(Mz)类似,与大部分不活泼元素相关性很高。值得注意的是,Mz、CIA 与稀土元素参数(La、Ce、δEu 以及 δCe)相关性很低。Mz 与 δEu 负相关,Mz 与 δCe 相关性为零;CIA 与 δEu,δCe 负相关(表 4 - 2),表明平均粒径与化学风化对沉积物稀土元素影响不大,稀土元素是判别冰后期沉积物组成有效指标,具有物源示踪意义。此外,CM97 孔沉积物平均粒径(Mz)与化学风化指数(CIA)具有很好的相关性,相关系数为 0.78(图 4 - 5)。这表明长江口冰后期入海沉积物的粒度对元素组成具有重要控制作用,沉积物粒度变化是该孔元素地球化学组成在不同沉积相中变化的主要因素。虽然 CIA 与多数元素具有较高正相关性,不一定说明流域化学风化是控制沉积物中元素含量的重要因素,因为 CIA 本身也与粒度相关性显著,即粒度越细,CIA 值越大。也就是说,沉积物中元素含量、粒度、CIA 参数之间存在互相影响的相关关系。CM97 孔沉积物球粒陨石和上陆壳(UCC)标准化配分模式如图 4 - 6 所示。

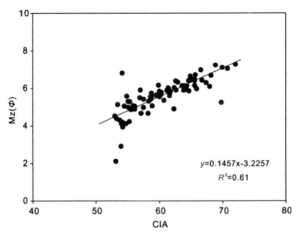

图 4 - 5 CM97 孔沉积物平均粒径(Mz)与化学风化指数(CIA)相关性

虽然冰后期不同时期形成的沉积物 REE 含量不同,但 REE 的配分模式比较接近,而最底部的河床相沉积物 REE 配分模式与其上其他沉积相的略有差异(图 4-6,图 4-7)。

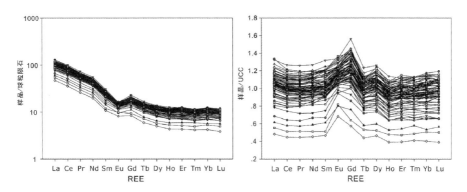

图 4-6　CM97 孔沉积物中酸不溶相组分的球粒陨石和上陆壳(UCC)标准化配分模式

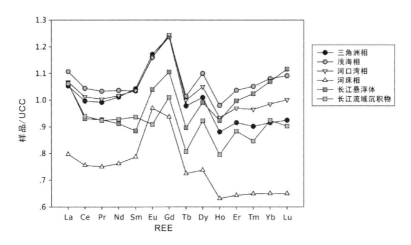

图 4-7　CM97 孔沉积物中酸不溶相组分的 REE 配分曲线比较

该孔沉积物的球粒陨石标准化模式同样呈右倾型,轻重稀土分异明显。LREE 之间分异程度相似,Eu 亏损程度与长江沉积物相近(Yang et al.,2002)。CM97 孔不同沉积相的上陆壳(UCC)标准化 REE 配分模式也非常相近,分异程度总体相似;一些相对稳定元素的比值也变化不大(图 4-3)。反映冰后期沉积物来源相对稳定,冰后期以来长江入海沉积物组成变化不大。值得注意的是反映轻重 REE 分异程度的 $(La/Yb)_{UCC}$ 与 $(Gd/Yb)_{UCC}$ 从底部的河床相到上部浅海相,逐渐降低;底部河床相沉积物的 REE 平均含量最低,轻重 REE 分异程度最强(表 4 - 3)。而约 4 ka 以来的三角洲相沉积物的 REE 组成与其他多数元素组成明显不同于下部沉积,但 Ce 与 Eu 异常程度与岩芯其他沉积物类似(图 4 - 3)。

表 4 - 3　CM 97 孔沉积物中酸不溶相组分 REE 参数

常量元素	年 代 /ka	ΣREE	δEu	δCe	$(La/Yb)_{UCC}$	$(La/Sm)_{UCC}$	$(Gd/Yb)_{UCC}$
三角洲相	0—4.0	148.7	0.67	1.03	1.15	1.01	1.36
浅海相	4.0—8.8	155.4	0.67	1.03	1.03	1.07	1.15
河口湾相	8.8—10.9	150.9	0.67	1.03	1.09	1.03	1.27
河床相	10.9—11.4	112.2	0.75	1.03	1.22	1.02	1.44
钻孔样	0—11.4	147.0	0.68	1.03	1.11	1.03	1.30
长江悬浮体	—	141.0	0.68	0.99	1.00	1.20	1.03
长江沉积物	—	140.6	0.61	1.00	1.15	1.14	1.10
UCC	—	146.40	0.65	1.06	1.00	1.00	1.00

注: 长江沉积物指长江流域河漫滩沉积物(Yang et al., 2002);长江悬浮体为长江下游南通附近悬浮体样品,为未发表数据。

根据元素的地球化学性质推测,近 4 ka 以来长江进入河口地区的沉积物相对全新世早—中期沉积物而言,更偏酸性物源。最下部的河床相以砂质沉积物为主,主要是末次盛冰期河流下切,随后海平面上升过程中河谷充填,大量近源粗粒沉积物混入(杨守业等,1999),因而无论是其粒度还是地球化学组成都与上部其他沉积相不同。总体而言,该孔沉积物酸不溶相组分的地球化学组成研究反映全新世以来长江入海硅质碎屑颗粒物组成虽然基本稳定,与现代长江入海颗粒物元素地球化学组成接近。但仍然存在一些波动,尤其最低海平面时期以及近 4 ka 以来变化相对较大,具体原因值得今后深入探讨。CM97 孔的物源判别结果对于东部边缘海海区全新世陆源沉积物的物源判别具有一定的参考意义。

4.4　本　章　小　结

长江口 CM97 孔冰后期沉积物不同沉积相沉积元素变化有明显的规律性,但由于受沉积物粒度的影响,各沉积相中酸不溶相组分元素含量有明显的差异。通过与现代长江下游南通附近悬浮物酸不溶相组分相比,表层大部分元素与颗粒相对较细的浅海相沉积物组成相近,反映了沉积物粒度对元素的制约。

CM97 孔沉积物稀土元素与沉积物粒度相关性很低。虽然冰后期不同时期形成的沉积物 REE 含量不同,其配分模式总体接近,具有典型的上陆壳特征,反映了冰后期长江沉积物组成相对稳定。但全新世早期河床相以及近 4 ka 以来三角洲相的长江入海沉积物组成与其他沉积环境的相比,存在一些明显差异,具体原因值得深究。CM97 孔的物源判别结果对于东部边缘海海区全新世陆源沉积物的物源判别具有一定的参考意义。

第5章

冲绳海槽中部陆源物质输入和古环境
演化的生源组分记录

5.1 概　　述

海洋表层水中的浮游生物通过光合作用和沉降作用,将碳从有光带"泵"入深海,使海洋表层生产力、大气CO_2浓度与全球气候联系起来,从而确定古生产力在气候演变中的突出地位(Berger et al.,1989)。因此,古生产力重建对于了解海洋碳循环及气候环境变迁有重要意义。

当前,有关西太平洋边缘海古生产力的研究主要集中于南海。南海终年受到冬、夏季风的影响和控制,冬、夏季风对南海不同海区的影响存在差别。因此,南海不同海区古生产力变化情况复杂,生产力变化主要受陆源营养物质输入和东亚季风两方面制约。冲绳海槽作为东海晚第四纪以来唯一保持连续沉积的地区,其独特的地理位置使其在全球气候和环境变化研究中具有举足轻重的地位。东亚季风系统、西太平洋边界流黑潮和入海径流(主要为长江和黄河)将大量陆源物质输入到冲绳海槽,表层水体中陆源营养物质的增加导致海洋初级生产力的繁盛,造成大气CO_2大量转移到有机生物体中并最终堆积埋藏于边缘海盆地中,使该区成为重要的碳汇聚地(南青云等,2008)。冲绳海槽地区古生产力研究侧重在海槽北部和南部,生物分子标志物(孟宪伟等,2001)、浮游有孔虫碳同位素(李铁刚等,2002)、长链不饱和烯酮(南青云等,2008)、生物硅、有机碳等生源组分(黄小慧等,2009)、浮游和底栖有孔虫(李铁刚等,2004;Xiang et al.,2007)等替代指标被用来重建冲绳海槽古生产力演变。这些替代性指标从不同的侧面反映了古生产力的变化,主要研究集中在利用有孔虫对海槽北部和南部古海洋学事件的探讨。而海槽中部地区由于沉积速率和采样精度的限制,有关第四纪晚期以来的高分辨率古生产力研究明显不足,影响了整个海槽区古生产力变化的系统认识。

海洋生产力的控制因素是多方面的,特别是边缘海区其影响因素更是十分复杂,生产力的分布和变化具有明显的区域性甚至是局部性特征;同时,古生产力研究中的每个指标都存在着各自的局限性,一类指标也只能反映生产力演变的一个方面。只有依据环境的区域性特征,综合分析多个指标才能准确重建一个地区的古生产力演化历史(常凤鸣,2004)。沉积物中的有机碳、生物碳酸盐和生物硅等生源组分,其埋藏速率在很大程度上受到古海洋生产力的控制,常常被用来作为古海洋生产力的替代性指标。本章通过分析海槽中部 DGKS9604 孔沉积物中的有机碳、生物碳酸盐和生物硅等多个古生产力指标,结合其他古海洋资料,探讨海槽中部 28 ka 以来古生产力变化与陆源物质输入和古环境演化的关系。

5.2　28 ka 以来 DGKS9604
孔古生产力记录

5.2.1　生物硅

生物硅为硅藻、放射虫等硅质生物硬壳形成的非晶质或隐晶质二氧化硅,是海洋沉积物中三种生物成因组分之一。生物硅在沉积物中极高的保存率及其与生产力的密切联系使其成为研究古生产力的一个重要指标。DGKS9604 孔生物硅含量介于 1.45%～4.03%之间,根据其含量变化可分为三部分(Unit 1—3),末次冰消期以前(Unit 3, 28—15 ka),生物硅含量高,平均为 3.1%;在 17—15 ka,生物硅含量略有升高(表 5 - 1,图 5 - 1)。冰消期到全新世中期(Unit 2, 15—7 ka),生物硅含量逐渐下降,平均为 2.4%;中全新世以后(Unit 1, 7—0 ka),生物硅含量达到稳定的低值,平均为 1.8%。

表 5 - 1 DGKS9604 孔沉积物古生产力指标特征

样　品	样品数	TC	TOC	$CaCO_3$	生物硅
Unit 1	60	3.82%	1.25%	21.4%	1.8%(31%)
Unit 2	38	2.96%	1.27%	14.5%	2.4%(18%)
Unit 3	90	1.89%	1.11%	7.06%	3.1%(44%)
整个岩芯	188	2.72%	1.19%	13.4%	2.5%(93%)
标准偏差	—	0.99%	0.14%	7.41%	0.7%
变异系数		36%	12%	55%	27%

注: 括号内数字为生物硅分析的样品数。

5.2.2　TOC 和碳酸盐

有机碳是古生产力最直接指标。海洋沉积物中的有机碳来源于陆源输入的植物碎屑和海洋生物的有机体,沉积物中的有机碳含量是与初级生产力密切相关的(Berger, 1989)。尽管由于沉降和埋藏过程中的分解作用,仅有很少一部分有机碳最终被保存在沉积物中,但有机碳堆积速率仍是古生产力最普遍的一个替代指标。9604 孔 TOC 含量介于 0.78%～1.73%之间,从底部到顶部 TOC 含量有缓慢上升趋势,其中 Unit 2 在 13—7 ka 期间 TOC 含量波动较大,Unit 1 和 Unit 3 相对稳定

(图 5-1)。冲绳海槽沉积物中的 $CaCO_3$ 含量主要由有孔虫壳体及其碎屑组成,其变化趋势与生物硅刚好相反。Unit 3 $CaCO_3$ 含量最低,平均为 7.06%;冰消期(Unit 2)波动明显,但含量从 3.07% 变化上升到 26.2%;近 7 ka 以来(Unit 1)呈现稳定的高值,平均为 21.4%。显然,海槽中部 $CaCO_3$ 含量变化具有典型的"大西洋型"碳酸盐旋回模式,反映了陆源碎屑物质对 $CaCO_3$ 的稀释影响。总体而言,9604 孔生物硅、TOC 及 $CaCO_3$ 含量与该钻孔平均粒径和氧同位素有一定的对应关系,尤其在 15—7 ka,平均粒径与这些指标均呈现明显一致的波动变化。

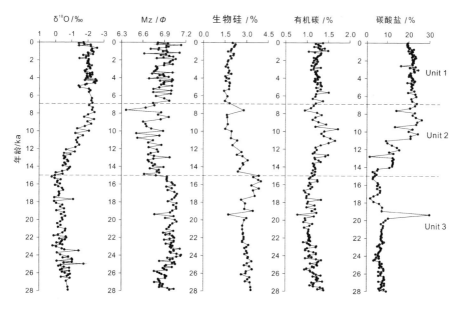

图 5-1　DGKS9604 孔有孔虫 $\delta^{18}O$(Yu et al., 2008, 2009)、
平均粒径(Mz)、生物硅、TOC 及 $CaCO_3$ 含量变化

在边缘海环境中,生源组分的百分含量容易受到沉积速率的影响,各生产力指标绝对含量受陆源碎屑稀释、溶解作用及保存率等因素的影响,不能可靠反映古生产力的变化。因此,我们计算了生物硅、TOC 与 $CaCO_3$ 的堆积速率。计算公式为: $MAR = LSR \times DBD \times C$(Müller and Suess, 1979),其中,MAR 为堆积速率,LSR 为沉积速率(cm/ka),DBD

为干样密度(g/cm³),C 为各生源物质的百分含量。9604 孔中生物硅、TOC 与 CaCO₃的堆积速率见图 5 - 2。

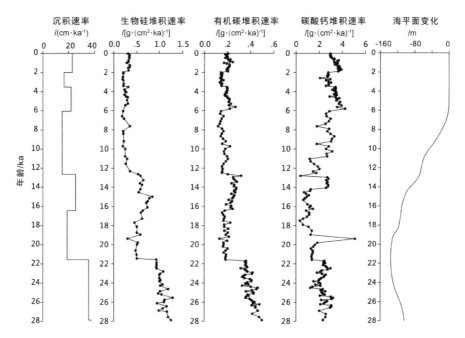

图 5 - 2　DGKS9604 孔 28 ka 以来生物硅、TOC 及 CaCO₃堆积速率、
沉积物沉积速率和海平面变化曲线(李广雪等,2009)

DGKS9604 孔生物硅的堆积速率变化范围为 0.18～1.28 g/(cm² · ka),在末次冰期晚期(28—22 ka)最高,全新世较低且比较稳定变化。28 ka 以来 TOC 堆积速率从 0.50 g/(cm² · ka)下降到 0.12 g/(cm² · ka),与生物硅堆积速率变化趋势基本一致。CaCO₃堆积速率的总体变化趋势与生物硅、TOC 相反,从 28 ka 到 15 ka 左右逐渐降低,随后又波动上升,到全新世达到最高的 4.23 g/(cm² · ka)。结合生物硅、TOC 及 CaCO₃堆积速率的变化可以看出,9604 孔 28 ka 以来古生产力变化与沉积物堆积速率和海平面变化有很好的对应关系,海平面变化影响冲绳海槽陆源物质的输入,而陆源物质输入又与古生产力有密切联系,这为通过生产力指标分析陆

源物质输入和古环境演化提供了可能。

5.3 冲绳海槽中部 28 ka 以来表层生产力的变化

生物硅、TOC 和生物成因 $CaCO_3$ 等生源组分埋藏速率在很大程度上受到古海洋生产力的控制,因此常用作古海洋生产力的替代性指标。然而,生源组分在从海洋表层输出、降落以及保存到海底的过程中受到溶解、稀释和保存率低等因素的影响,它们所指示的古生产力变化细节不可能完全一致,充分考虑各生源指标变化的影响因素才能真实全面揭示冲绳海槽古生产力演化历史。

沉积物中 TOC 含量和堆积速率指示从海洋表层输出而降落并保存在海底的有机质丰度(王博士等,2005)。海洋沉积中的总有机碳来源复杂,既有随河流、风尘带入的陆源物质,也有海洋自生生物产生的有机质。因此,在恢复海洋古生产力方面首先要区分不同来源有机碳的贡献,否则无法有效地讨论海洋生产力的变化(李丽等,2005)。有机质的 C/N 比和有机碳的 $\delta^{13}C$ 是判断有机质来源的两个指标,通常认为海洋沉积物中的 C/N 平均值为 6,C/N 值超过 15 可认为沉积物中有机碳主要来自陆地(Stax and Stein,1993),而 $\delta^{13}C$ 以 $-26‰$ 和 $-20‰$ 作为陆源和海洋有机物质的参考值(Fontugne and Duplessy,1986)。虽然 9604 孔没有分析沉积物的 N 元素含量和 $\delta^{13}C$ 值,但据研究钻孔附近的冲绳海槽中部 PN-3 孔($28°05.98'N$,$127°20.55'E$;水深 1 058 m)的研究,末次冰期陆源有机物质的输入只有轻微的上升(Wahyudi and Minagawa,1997),冲绳海槽中南部 E017 孔的研究同样表明冰期与冰消期陆源有机物质并不是海槽中南部有机碳的主要来源(常凤鸣,

2004)。因此,可以认为 28 ka 以来冲绳海槽中部 9604 孔 TOC 主要来自海洋自生生物产生的有机质。9604 孔 TOC 含量整体变化不大,未表现出与 TOC 堆积速率一致的对应关系,这可能与有机碳沉降和埋藏过程中的分解作用有关,表层水体中形成的有机碳只有极少部分被保存在海底沉积物中(Meyer,1997)。此外,TOC 的保存还受底层水含氧量的影响,与之呈负相关(王博士等,2003)。所以,9604 孔 TOC 绝对含量并不能反映真实反映古生产力的变化。与 TOC 不同,生物硅主要是由硅藻、放射虫等硅质浮游生物通过光合作用在表层海水中形成,在沉积物中保存率较高,其与生产力的密切关系使其成为古生产力的更可靠指标。9604 孔 TOC 堆积速率与生物硅堆积速率变化一致,28 ka 以来逐渐降低,指示了末次冰期晚期以来海槽中部地区古生产力总体呈下降趋势。同时表明相对 TOC 含量,TOC 堆积速率是更可靠的古生产力指标。晚第四纪晚期古生产力逐渐降低的趋势在边缘海其他海区也有类似的表现:冲绳海槽中南部 E017 孔古生产力 18 ka 以来也逐渐降低(常凤鸣,2004);南海南沙海区(房殿勇等,2000)、南海东南部(Winn et al.,1992)以及赤道西太平洋地区柱状岩芯(Herguera and Berger,1991)冰期时古生产力约为全新世的 1.6～2.0 倍。可见,冲绳海槽中部古生产力的变化趋势亦遵循西太平洋表层生产力变化的总趋势。

冲绳海槽沉积物中的 $CaCO_3$ 主要由有孔虫壳体及其碎屑组成,陆源碎屑中的碳酸盐(方解石和白云石)含量极低(秦蕴珊等,1987)。因此,冲绳海槽 $CaCO_3$ 含量及其堆积速率主要反映了生物碳酸盐的变化。冲绳海槽 $CaCO_3$ 含量受到钙质生物生产力、碳酸盐溶解、陆源或火山物质稀释作用等因素的共同影响(Wang,1999)。9604 孔水深 766 m,远在冲绳海槽现代碳酸盐溶跃面(1 500～1 600 m;陈荣华等,1999)之上;海槽南部水深在碳酸盐溶跃面之下的 E017 孔碳酸盐溶解作用并不强烈(向荣等,2003),推测溶解作用对 9604 孔 $CaCO_3$ 含量影响不大。9604

孔 $CaCO_3$ 含量和堆积速率呈现与生物硅及有机碳相反的变化趋势,明显受陆源物质稀释作用的影响(吴永华等,2004;李军等,2004;李铁刚等,2008):末次冰期晚期海平面低,陆源物质稀释作用强,$CaCO_3$ 含量和堆积速率低;冰消期及全新世海平面逐渐上升,海槽内陆源物质输入减少,稀释作用减弱,$CaCO_3$ 含量及堆积速率增加。除此之外,海槽区表层海水钙质生物生产力也是影响 $CaCO_3$ 变化重要因素,钙质生物生产力受高温、高盐黑潮流径强度控制(李铁刚等,2008)。黑潮水体减弱,海槽区钙质生物生产力降低;黑潮流势增强,钙质生物生产力提高。15 ka以来 $CaCO_3$ 含量及堆积速率增加也可能与黑潮逐渐加强,冲绳海槽中部生产力逐渐提高有关。因此,28 ka 以来 9604 孔 $CaCO_3$ 含量及堆积速率变化是钙质生物生产力和陆源物质稀释作用的综合体现。

5.4　表层生产力与陆源物质输入、古环境演化的响应

冲绳海槽作为西太平洋边缘一个正在扩张的弧后盆地,在地质历史时期接受了长江、黄河等河流带来的巨量淡水和陆源颗粒物质。陆源物质的输入明显地制约冲绳海槽海水表层生产力的变化:冰期时,冬季风加强,海平面下降,部分大陆架暴露出海面,陆地剥蚀作用增强,向海输送陆源物质增多。陆源物质携带的大量铁、硅以及其他营养元素刺激浮游植物的生长(Martin and Fitzwater,1988),引起表层生产力升高;间冰期时,海平面上升,表层水营养物质相对匮乏,表层生产力降低。冲绳海槽末次冰期以来存在海平面变化、陆源物质供应、生产力变化的耦合相关关系,陆源物质供应量的多少是古生产力变化的重要因素。

末次冰期以来,海槽地区的陆源物质供应受海平面变化、季风气候

环境、洋流变化等多因素共同制约。根据上述研究可知,海槽中部地区古生产力末次冰期晚期(28 ka)逐渐下降。其中,28—22 ka 古生产力最高,LGM 时有所下降,冰消期后进一步下降,到全新世达到稳定的低值。末次冰期时,海平面较低,陆架大面积出露,河口向外陆架延伸,加之台湾和琉球群岛南端之间陆桥的存在(Ujiié,1999),可能阻断了黑潮主流进入冲绳海槽的通道;另一方面,长江和黄河等河流所携带的陆源物质在末次冰期时可能直接输入到冲绳海槽中部,陆源物质堆积速率较高(图 5 - 2)。海水表层温度研究结果也证实末次冰期晚期冲绳海槽中部、北部受较强的低温、低盐高营养盐的陆源冲淡水的影响(Xu and Oda,1999;Ijiri et al.,2005)。此外,末次冰期强盛的冬季风也有利于陆架上的陆源物质直接被风力搬运至海槽区,陆源物质的大量输入所带来的营养物质使得冲绳海槽表层生产力较高。

LGM 时,西太平洋边缘海海面达到最低,河口与海槽距离更近,陆源物质供应应该更多,但 LGM 期间此时长江源区格外干冷(董光荣等,1996),年均降水量明显偏低,流域物理风化和化学风化较弱,河流入海径流量偏低(郭正堂等,1994),难有充足的降水维持长江洪流跨越东海陆架到达冲绳海槽(孟宪伟等,2007),导致入海的陆源营养物质明显减少,表层生产力下降,表现在 9604 孔生物硅和 TOC 堆积速率在 LGM 期间(22—18 ka)明显降低。随后的冰消期,气候回暖,长江中、上游区降雨增加,长江输运陆源物质的能力相应增大。加之海平面还没有回升至足够高度以分散陆源物质,使其到达冲绳海槽的机会大大增强(孟宪伟等,2007)。因此,在海平面逐渐上升的冰消期早期陆源物质输入仍然相对较高,古生产力变化不大。

全新世早期,海平面上升至距离现代海平面 40~50 m 水深位置,黑潮主轴在冰消期或早全新世重新进入冲绳海槽(Ujiié,1999),高温高盐的黑潮对冲绳海槽海洋环境产生重大影响。一方面,黑潮的加强阻隔陆架冲淡水进入冲绳海槽;浮游有孔虫数据揭示冰消期到全新世期间,陆源冲淡水对冲绳海槽影响快速减弱(Xu and Oda,1999),冲淡水的减弱使得海水中营养物质减少,生产力降低;另一方面黑潮是寡营养盐水体,其强度的增大同样会使海槽区生产力降低(黄小慧,2009)。此外,全新世以来陆源碎屑供给降低使得 $CaCO_3$ 受到的稀释作用明显减弱,$CaCO_3$ 含量和堆积速率逐渐升高。值得注意的是,$CaCO_3$ 含量及其堆积速率在 12—7 ka 之间有几次明显降低,可能对应黑潮减弱、陆源冲淡水增强事件。DGKS9604 孔的最新研究表明全新世早期(11.6—6 ka)加强的夏季风降雨(Wang et al.,2001)使得冲绳海槽中部低温、低盐的冲淡水加强(Yu et al.,2009),降低了海槽区的温度和盐度,钙质生产力降低。

5.5 本 章 小 结

冲绳海槽中部 DGKS9604 孔自 28 ka 以来,$CaCO_3$ 堆积速率变化趋势与 TOC 和生物硅相反,在末次冰期晚期低、冰消期逐渐升高。生源组分堆积速率的变化反映该地区古生产力逐渐下降的趋势:末次冰期晚期最高,末次盛冰期有所下降,冰消期后期快速下降,全新世以来达到稳定的低值。冲绳海槽中部古生产力的变化趋势亦遵循西太平洋表层生产力变化的总趋势。

冲绳海槽古生产力变化主要受冰期到间冰期陆源物质输入通量变化、洋流格局与季风气候演化等多因素控制。在末次冰期晚期(28—22 ka),海平面较低,陆源物质输入增强导致营养物质供应增加,加上冬季风强化的影响,古生产力高;LGM 时(22—18 ka),虽然河口距离海槽区更近,但东亚大陆源区降水量低,河流带来的陆源营养物质明显减少,生产力明显下降;冰消期晚期海平面快速上升,陆源物质输入量迅速减少;另外,高温寡营养盐的黑潮在冰消期后加强,这些因素导致冰消期后期到全新世早期,海槽中部古生产力迅速降低。此外,全新世早期黑潮主轴重新进入冲绳海槽,阻隔了陆架冲淡水进入冲绳海槽,同时黑潮是寡营养盐水体,使海槽区生产力降低。$CaCO_3$明显受到陆源物质稀释作用的影响,其含量及堆积速率变化是钙质生物生产力和陆源物质稀释作用的综合体现。$CaCO_3$含量及其堆积速率在 15—7 ka 之间有几次明显降低可能对应黑潮减弱、陆源冲淡水增强有关。

第6章

冲绳海槽中部黏土粒级沉积物物源示踪及古环境意义

6.1 概　述

黏土矿物是由母岩在特定古气候条件下风化蚀变形成,一般存在于小于 2 μm 的细粒沉积物中的一组矿物类型。它是海洋沉积物中最活跃,也是受海流搬运影响最大的一个粒级。碎屑沉积物入海后,黏土矿物可长距离地搬运,而广泛地分布于各种海洋沉积物中。黏土矿物作为表生环境各种地质因素综合作用的自然产物,不同种类可以反映大陆表生风化作用和地球化学过程差异。因此,通过海区黏土矿物组分、组合与分布特征的研究,可以阐明细粒碎屑物质来源、大陆气候状况、入海后的水动力分选与沉积再悬浮等源区与沉积物的各种地质过程,因而黏土矿物已成为当前海洋沉积学研究的主要内容之一。

如果要深入探讨边缘海细粒沉积物的物质来源、古气候环境及沉积动力环境变化,黏土粒级沉积物的矿物组合及其地球化学特征研究不可或缺。大量研究表明,源区温暖气候与寒冷气候条件下所形成的黏土矿物特征与组合不同。碎屑黏土矿物从源区到最后的沉积环境的搬运过程较为复杂,粒度沉积分异是黏土矿物分布的重要影响因素,不同水动力条件下沉积的黏土矿物组合特征也不一样。在冰期-间冰期边缘海海平面和海洋环流变化明显,由河流、大气粉尘、火山灰或冰川等介质入海的黏土粒级陆源沉积物,在海区的搬运距离、搬运方式和沉积过程显著受水动力环境影响。

黏土粒级沉积物的吸附性较强,赵一阳等(1994)提出元素的粒度控制律,即黏土粒级沉积物可富集多种元素,蕴涵丰富的地球化学化信息;相对于全岩样品,选择黏土粒级开展地球化学分析,可以显著降低"粒度控制律"的影响。因此,不少学者认为黏土粒级沉积物最能反映沉积物物源区的物质组成特征,选择那些在沉积物形成过程中较稳定的元素作为物源指示元素,可以最大限度地突出物源信息。过去二十多年,国内外众多学者利用黏土矿物组合及其化学特征(杨作升,1988;Kessarkar et al.,2003;Diekmann et al.,2008;Sionneau et al.,2008;Steinke et al.,2008;Viscosi-Shirleya et al.,2008)、黏土粒级的地球化学组成特征来分析沉积物源(Piper,1974;刘季花等,1998;Dubrulle et al.,2007;Song and Choi,2009)。本书工作中我们分离出 DGKS9604 孔的黏土粒级沉积物(<2 μm),分析其黏土矿物组合及元素组成特征,研究其对沉积物源及古环境的指示意义。

6.2 黏土粒级沉积物元素组成特征及其物源和古环境意义

6.2.1 黏土粒级沉积物元素含量垂向变化

DGKS9604 孔未经任何化学前处理的黏土粒级沉积物中元素含量垂向变化如图 6-1 和图 6-2 所示。

统计分析表明,生源元素 Ca、Sr、Ba 组成波动较大,变异系数分别

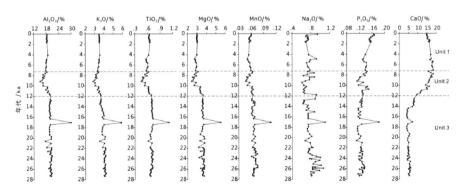

图 6-1　DGKS9604 孔小于 2 μm 黏土粒级沉积物中常量元素组成

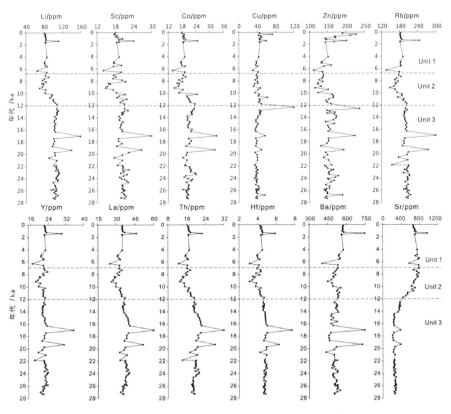

图 6-2　DGKS9604 孔小于 2 μm 黏土粒级沉积物中微量元素组成

为 5、216 和 53,远远超过陆源元素 Al 和 Ti 的变异系数(分别为 2 和 0.1)。根据元素组成的垂向变化特征,可将 DGKS9604 孔分为 Unit 1 (0—7 ka)、Unit 2(7—12 ka)和 Unit 3(12—28 ka)三段来讨论元素的垂向变化特征。

(1) Unit 1(0—7 ka):Al、Ti、K 和 Rb 等陆源为主的元素含量变化不大,基本保持在稳定的低值;Ca、P、Sr 和 Ba 等生源元素的含量则处在钻孔的最高值,表明全新世高海平面时期生源组分含量高,与陆源元素呈明显负相关。近 2 ka 以来,金属元素 Cu 和 Zn 波动变化较大,而其他微量元素含量基本稳定,在个别样品中呈现波动。

(2) Unit 2(7—12 ka):元素含量波动最大。陆源元素 Al、Ti、K 和 Rb 等含量明显降低,在 9 ka 时达到最低值;生源元素则与之相反,Ca、Ba 和 Sr 等含量上升较明显,在 7 ka 时达到含量高值并趋于稳定。金属元素与陆源元素的组成特征类似,含量较 0—7 ka 时期明显下降,尤其是 Sc 和 Zn 等含量变化较大。

(3) Unit 3(12—28 ka):除了个别样品外,几乎所有元素在此期间含量基本稳定。CaO、Ba 和 Sr 等生源元素含量较低。

6.2.2 黏土粒级中元素组成的影响因素

元素地球化学组成的解释一般具有多解性,因为影响因素多,仅通过单个元素或某些元素的变化趋势很难全面而准确地分析沉积物的来源和沉积环境的变迁。因子分析可以将具有同一来源的元素进行组合,从而更加直观、有效地将元素进行成因分类,以便于讨论其整体变化特征。我们对黏土粒级沉积物中常微量元素进行了 R 型因子分析,以探讨控制沉积地球化学组成的主要因素。

以所测元素和氧化物为变量,进行主成分分析,提取大于 1 的特征值,按最大方差法进行因子旋转,并剔除有缺值的观测量,最后得到 4 个主因子(F1—F4),方差贡献分别为 55%、14%、14% 和 6%,累积方差贡献为 89%(表 6 - 1)。

表 6 - 1　DGKS9604 孔黏土粒级元素组成的
因子载荷矩阵(经过方差极大旋转)

元素	F1	F2	F3	F4	元素	F1	F2	F3	F4
Al_2O_3	0.89	0.14	−0.02	0.27	Rb	0.92	0.16	0.17	−0.04
TiO_2	0.90	0.15	−0.03	0.21	Eu	0.89	0.06	0.36	−0.11
MgO	0.88	0.16	−0.26	0.18	Co	0.86	0.23	0.13	−0.30
TFe_2O_3	0.87	0.21	−0.11	0.10	Yb	0.84	0.11	0.46	−0.10
Ce	0.96	0.08	0.11	−0.01	Y	0.76	0.05	0.59	−0.09
Th	0.96	0.09	0.04	−0.08	Cr	0.75	0.61	0.01	−0.06
Nb	0.96	0.16	0.20	0.03	Cu	−0.05	0.96	0.12	−0.05
K_2O	0.87	0.05	−0.13	0.41	Mo	0.10	0.94	−0.14	0.04
CaO	−0.68	−0.09	0.66	−0.15	Ta	0.23	0.94	0.03	0.01
Na_2O	0.34	0.121	0.15	0.74	Zn	0.43	0.58	0.40	0.00
MnO	0.86	0.08	−0.10	0.24	Ba	0.40	0.07	0.82	−0.17
P_2O_5	−0.02	0.07	0.86	0.19	Sr	−0.61	−0.08	0.73	−0.21
La	0.95	0.09	0.23	−0.03	Ni	0.26	0.20	0.35	−0.59
Li	0.93	0.19	−0.14	−0.10	方差贡献	55%	14%	14%	6%

F1 因子的方差贡献为 55%,可分为正载荷和负载荷,具有正载荷的元素组合为 Ce、Th、Nb、La、Li、Rb、TiO_2、Al_2O_3、Eu、MgO、TFe_2O_3、K_2O、Co、MnO、Yb、Y 和 Cr,负载荷的元素组合为 CaO 和 Sr。F1 因子中正载荷元素 Th、Nb、Li、Rb、TiO_2、Al_2O_3、TFe_2O_3、Y 和 Cr 是东海典型的亲黏土元素组合(赵一阳等,1994)。因此,我们推测 F1 中正载荷是代表细颗粒陆源物质的元素组合。Ca 和 Sr 的半径比较接近,在生物壳体中呈类质同象替换;冲绳海槽沉积物中 Ca 和 Sr 的富集与生物沉积作用的加强有关(赵一阳等,1994),F1 中负载荷 CaO 和 Sr 代表生源组分

的元素组合,其因子载荷绝对值小于上述元素的正载荷值。因此,F1 因子总体上反映了陆源碎屑组分对元素含量的控制。

F2 因子的方差贡献为 14%,以正载荷元素组合为特征,因子载荷较高的元素包括 Cu、Mo、Zn、Ta 和 Cr 等。这些元素在冲绳海槽具有高背景值可能与海槽火山热液作用有关。因此,我们推测 F2 因子主要反映了海槽区非陆源非生物来源组分,即内源组分对钻孔细粒沉积地球化学组成的控制。

F3 因子的方差贡献也为 14%,仍以正载荷元素组合为特征,包括因子载荷较高的 CaO、Sr、P_2O_5、Ba 等元素。海洋沉积物中元素 Sr 与 Ca 主要存在于生物成因的碳酸盐物质中,冲绳海槽 Sr 丰度的增高主要是海洋钙质生物沉积对 Sr 的贡献,陆源成因的 Sr 仅不足其总量的 20%(赵一阳等,1994);P 的因子载荷也较高,前人研究揭示富含生物碎屑沉积的区域 P 出现高背景值,显示生物对 P 的富集作用(赵一阳等,1994);海洋沉积物中元素 Ba 一般具有陆源和生物源两种来源,在半深海和深海环境中,海洋沉积物中 Ba 以生物成因为主,因而 Ba 含量常被用作有效的古海洋生产力的指标(Damond et al.,1992),因此,F3 因子被认为是沉积物中生源组分的元素组合。

F4 因子方差贡献为 6%,由正载荷元素 Na_2O 和负载荷元素 Ni 组成。Na 在海洋沉积物中来源之一是陆源中含 Na 的风化物质,其二是源于火山喷发的产物。冲绳海槽是第四纪火山活动的高发区,Na_2O 可以作为冲绳海槽沉积物中火山物质的指示剂(秦蕴珊等,1987)。Ni 在冲绳海槽的含量一般高于浅海陆架的含量(赵一阳等,1994),Ni 在远洋的富集除与元素的迁移能力相对其他典型的陆源元素较强有关之外,还可能与海底热液作用有关(邓文宏等,1993;翟世奎等,2007),因此,F4 可以被看作代表与海底火山物质以及热液活动有关的元素组合。

6.2.3　物源的阶段性与古环境意义

综上所述,DGKS9604 孔黏土粒级沉积物的地球化学组成主要受陆源物质因子(F1)、内源物质因子(F2)、生源因子(F3)、火山热液源因子(F4)等因素所决定,各因子垂向得分如图 6-3 所示。

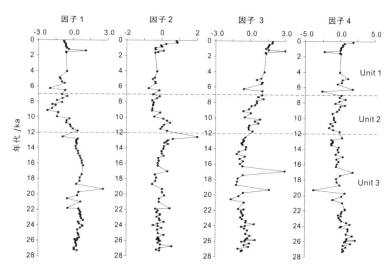

图 6-3　DGKS9604 孔黏土粒级沉积物中元素因子得分垂向变化

其中内源物质因子(F2)和火山热液源因子(F4)得分较低,垂向变化不大。而陆源物质因子(F1)和生源因子(F3)在钻孔中变化较大。根据影响黏土粒级沉积物元素组成的 4 个因子得分的垂向变化特征,可以分为 3 个变化阶段:0—7 ka,7—12 ka 和 12—28 ka。F1 因子从 28 ka 到 12 ka 得分较高,12—7 ka 波动减少,变化较大,而 7 ka 以来逐渐稳定;F3 因子得分变化趋势刚好与之相反,从 28 ka 以来逐渐增大(图 6-3)。因此,陆源因子(F1)和生源因子(F3)是控制 9604 孔黏土粒级沉积物化学组成的主要因素,其中又以 F1 因子为主,即陆源组分是控制该孔黏土粒级元素地球化学组成最重要因素。F1 和 F3 因子得分在钻孔中相反的变化趋势说明,主导的陆源组分对岩芯中生物成因组分有稀释作用。

晚第四纪 28 ka 以来东海海平面与海洋环流变化显著,显然会影响冲绳海槽的沉积环境。28—22 ka 处于氧同位素 3 期的晚期,东海大部分时间海平面位于现在水深 70~80 m 以下(据 SPECMAP 数据),东海陆架大面积暴露,河口离海槽比今天更近,因而到达海槽中部的黏土粒级陆源沉积物较多,生源作用相对较弱。22 ka 之后进入末次冰盛期(LGM:22—18 ka),气候逐渐变冷,东海海平面比现在要低 120~135 m(Lembeck and Chappell,2001;Lambeck et al. ,2002),东海陆架大部分直接暴露,从东亚大陆尤其是中国河流携带的陆源物质可能直接注入海槽。LGM 时期 9604 孔黏土粒级沉积物中陆源为主的元素 REE、Th、Nb、Li、Rb、TiO_2、Al_2O_3、TFe_2O_3、K_2O、Co 和 Cr 等普遍较高(图 6-2;表 6-1),而生源组分 CaO 和 Sr 则含量较低。反映这一时期陆源物质供给丰富,因子 F1 得分较高,陆源组分主导冲绳海槽中段 LGM 的沉积。

末次冰消期以来,海平面开始上升,陆架逐渐被淹没,河口位置退缩。18—14 ka 期间几乎所有元素含量变化都不大,与 LGM 时期基本相似。而从 14 ka 开始,生源组分 CaO、Sr、P_2O_5 和 Ba 等元素含量逐渐增加,尤其是在 12—7 ka 表现更明显;而其他陆源为主的主量与微量元素的含量变化并不大或总体趋于下降。因子得分的垂向变化也显示在 12—7 ka 期间,F1、F2 和 F3 因子得分变化较大。元素地球化学组成的变化总趋势反映冰消期早期,海平面上升不显著,东海海洋环流格局也未呈现大的变化(Lembeck and Chappell,2001),陆源入海物质依然主导了海槽中部黏土粒级沉积。而从 14 ka 开始,随冰后期海平面的快速上升(Lambeck et al. ,2002),海槽中陆源物质供应逐渐减弱,而生物成因组分加强。由于钻孔分析样品的时间分辨率等因素影响,全新世以前 Heirinch I 以及新仙女木(YD)等变冷事件在黏土粒级的元素地球化学组成上表现不明显,但生源元素组成自 LGM 到全新世早期的变化趋势总体上与该孔生源组分 $CaCO_3$、TOC 和生物硅含量变化相似,也与古海洋学方法重建的海水表层温度(SST,Yu et al.,2009)趋势一致。这反映了海槽中部 28 ka 以来沉积环境演变的整体格局。但从图 6-1 和图 6-2 中 CaO 以及 Sr 的含量变化趋势看,在 14 ka 与 11—11.5 ka 存在两个显著的快速含量上升期,这是否同冰后期两次快速的海平面上升期(Fairbanks,1989;Rhlemann et al.,1999;李广雪等,2009)对应,还值得进一步追踪研究。

在全新世开始阶段,生源因子 F3 由负变正,陆源因子 F1 与之相反(图 6-3),说明全新世以来生源组分逐渐成为海槽中部细粒级沉积物的一个重要来源。黑潮是影响冲绳海槽沉积作用的重要因素,黑潮一方面影响海槽内的生产力状况,另一方面对沉积物的输运产生影响。虽然冰后期黑潮重新进入冲绳海槽的具体时间存在争议(翦知湣等,1998;Ujiié,1999;Li et al.,2001;李铁刚等,2007),但全新世以来海槽中陆源物质贡献的降低与古生产力的变化与黑潮密切相关。全新世高海平面时期,海槽内海水呈现温暖、高营养盐的特点,生物生产力高,同时黑潮对陆源物质从西部陆架进入冲绳海槽有阻隔作用,加上本区高海平面以来 Ca、Sr、Ba 等生物组分相对富集的特点,使本区在高海平面尤其是在距今 7 ka 以来生源 F3 因子得分高(图 6-3)。

此外,火山热液源因子 F4 整体得分较低,垂向变化不大,这与 9604 孔所在的位置有关。9604 孔处在海槽中段的西坡,受火山、热液作用影响比北部和东部陆坡要小。岩芯沉积物中碎屑矿物的镜下观察未发现明显的火山玻璃富集层,总体上该孔黏土粒级沉积物对 28 ka 以来冲绳海槽普遍存在的多次火山事件并没有明显的沉积记录。

6.3　黏土矿物物源示踪及其
对古环境演化响应

6.3.1　黏土矿物的含量特征

由 X 射线衍射谱图(图 6-4)可以看出,DGKS9604 孔黏土粒级(<2 μm)沉积物主要由四种类型的黏土矿物和少量碎屑石英、长石矿物组成。

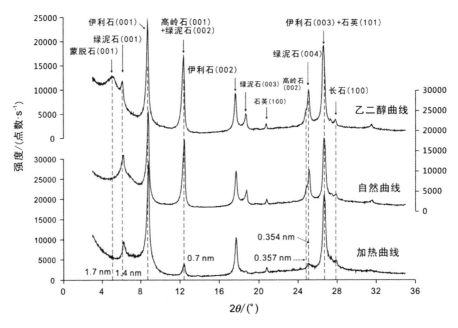

图 6-4　DGKS9604 孔典型样品的 X 射线衍射叠加波谱(样品位于深度 101 cm 处)

黏土矿物的鉴定和解释主要依据三种测试条件下获得的叠加谱线的综合对比(刘志飞等,2003)。加热曲线同自然曲线相比较,1.4 nm 衍射峰明显减弱,1 nm 衍射峰明显增强。0.7 nm 衍射峰也明显减弱,指示高岭石的存在。乙二醇曲线同自然曲线相比较,1.7 nm 衍射峰出现,

1.4 nm 衍射峰明显减弱,指示蒙脱石的存在。每个波峰参数的半定量计算使用 MacDiff 软件(Petschick,1996),在乙二醇曲线上进行。黏土矿物的相对含量主要使用(001)晶面衍射峰的面积比,蒙脱石(含伊利石蒙脱石随机混层矿物)采用 1.7 nm(001)晶面,伊利石采用其 1 nm(001)晶面,高岭石(001)和绿泥石(002)使用 0.7 叠加峰(Holtzapffel,1985),它们的相对比例通过拟合 0.357 nm/0.354 nm 峰面积比确定。

经半定量计算,9604 孔黏土矿物主要由伊利石(63.0%~87.3%)和绿泥石(7.1%~22.8%)组成,平均含量分别为 70.1% 和 17.9%;蒙脱石(1.0%~13.1%)、高岭石(2.0%~8.8%)含量相对较低,平均含量分别为 6.2% 和 5.9%(图 6-5)。

6.3.2　黏土矿物垂向变化特征

根据黏土矿物垂向变化趋势,9604 孔自上至下可以大致分为三个阶段:Unit 1(8.4—0 ka),Unit 2(14.0—8.4 ka)和 Unit 3(28.0—14.0 ka),各阶段黏土矿物特征如图 6-5 和图 6-6 所示。

Unit 1(8.4—0 ka):全新世中期高海平面以来 9604 孔黏土含量逐渐升高;与之相反,伊利石、蒙脱石和高岭石含量较后两个阶段明显降

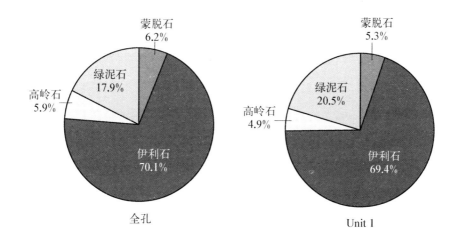

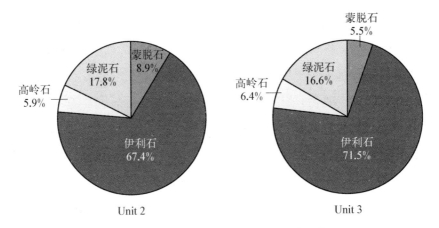

图 6-5　DGKS9604 孔黏土矿物平均组成

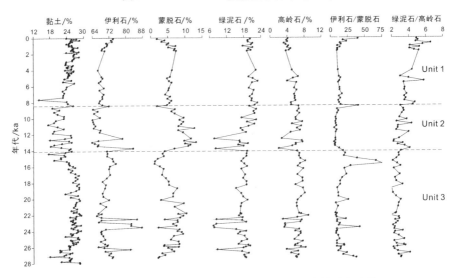

图 6-6　DGKS9604 孔 28 ka 以来黏土矿物组成的垂向变化

低。绿泥石在此阶段含量升高(17.6%～22.8%),并达到钻孔的最高值;相应地,绿泥石/高岭石比值也逐渐升高。值得注意的是,2 ka 以来,黏土含量波动较大,伊利石含量明显升高,蒙脱石含量降低。

　　Unit 2(14.0—8.4 ka):此阶段是 LGM 以来东海海平面波动最频繁的时期,9604 孔黏土含量以及黏土矿物组成波动较大,在 14—12 ka 期间尤为明显。总体来看,14.0—8.4 ka 是钻孔中蒙脱石含量最高的一段时期(均值为8.9%),此阶段晚期含量逐渐降低;伊利石含量逐渐降低;绿泥石以及绿泥石/高岭石比值变化趋势与之相反;高岭石有明显波动,但总体变化趋势不显著。

Unit 3(28.0—14.0 ka):末次冰期晚期是9604孔伊利石和高岭石含量相对较高、绿泥石含量最低的时期,平均含量分别71.5%,6.4%和16.6%。蒙脱石仍有明显变化,20—14 ka逐渐降低。

总体来看,DGKS9604孔黏土矿物组成以伊利石和绿泥石含量较高,高岭石与蒙皂石含量稀少为主要特征,与前人的研究结果(Aoki and Oinuma,1974;Chen,1973;Lin and Chen,1983;李传顺,2009)相一致。黏土矿物垂向变化与该孔黏土含量变化有较好的对应关系,在14 ka和8 ka黏土含量发生较大变化时,黏土矿物组成也相应地发生变化。伊利石与绿泥石具有相反的变化趋势。绿泥石含量自28 ka以来逐渐升高,而蒙脱石随海平面变化含量有明显的波动,推测与蒙脱石颗粒小易受水动力影响的特性有关。

6.3.3 黏土粒级沉积物物源示踪

1. 海槽中部黏土矿物潜在物源区

前人研究揭示,海槽区黏土矿物并没有经过早期成岩作用的改造,黏土记录反映的并不是当地海盆的沉积效应,黏土矿物组合的变化反映的是研究海区陆源物质输入的变化(李传顺,2009)。因此,黏土矿物的沉积记录可以用来重建由气候驱动的古沉积环境变化过程(风化、剥蚀、搬运过程),这些过程控制着来自周围陆地的碎屑沉积物质的输入。西北太平洋边缘海的陆源风化物质输入主要是通过河流输运方式为主(Chen,1978)。中国大陆以及台湾是冲绳海槽西部陆坡黏土粒级沉积物潜在的主要物源区,琉球岛屿的物质贡献因为黑潮的阻隔作用,可以忽略不计。来自中国大陆的风尘输入只在太平洋远洋沉积中扮演重要作用(Rea，1990)，但风尘物质由于与陆源碎屑有相似的黏土矿物组合及物源，在边缘海沉积物中很难区分出来。

以前的研究已证实冲绳海槽中部陆源碎屑沉积物主要来源于中国的两条大河：长江与黄河，部分来自东海陆架(秦蕴珊等，1987；孟宪伟等，1997；Iseki et al.，2003；Katayama and Watanabe，2003)。全新世以来，台湾东北部沉积物在黑潮的作用下向东北扩散70 km进入冲绳海槽南部，而细颗粒的粉砂和黏土在黑潮搬运下可以进一步向东北方向扩散(Chen and Kuo，1980；Lee et al.，2004)。因此，台湾东北部细颗粒的黏土矿物全新世以来可能成为冲绳海槽中部的潜在物源。各潜在物源区黏土矿物特征如表6-2所示。

长江与黄河由于地质环境和气候条件的差异，黏土矿物组合有所差异。长江流域气候温暖湿润，雨量充沛，植被发育，化学风化作用较强，土壤多呈酸性。不仅有上游地区的青藏高原，也有中国东部海拔较低的地区(Yang et al.，2003)。因此长江入海悬浮体物质来源复杂，既有变质岩、火成岩及沉积岩等基岩区，又有广阔的灰壤和红壤分布区，所以长江入海物除了有丰富的伊利石和绿泥石外，还含有一定量的高岭石和富铁蒙脱石等黏土矿物(杨作升，1988；周晓静，2003；Liu et al.，2006)。黄河主要流经黄土高原和荒漠草原，其携带的入海物除了富含伊利石和绿泥石外，蒙皂石含量较高(杨作升，1988)。长江入海后，受水动力分选的影响，黏土矿物组合及其分布具有明显的区域性特征：高岭石分布与陆源物质供应密切相关，呈现沿岸海域含量较高，向外海方向逐渐降低的趋势；高岭石从长江口到外陆架，由9.4%下降到7.5%(Chen，1973；范德江，2001；表6-2)；而受现代陆源物质影响不大的外陆架残留沉积区，高岭石含量更低，目前较少接受现代陆源沉积的冲绳海槽地区亦是高岭石的低含量区。与高岭石相反，绿泥石从河口到外陆架、冲绳海槽含量呈明显上升，由13.2%上升到23.9%(Chen，1973；范德江，2001；

表 6-2　冲绳海槽 DGKS9604 孔及其潜在物源区的黏土矿物组合特征比较

海　区		数量	Sm	Illi	Kao	Chl	Ill/Sm	Chl/Kao	参 考 文 献
9604 孔- Unit 1		23	5.3%	69.4%	4.9%	20.5%	14.4	4.4	本书
9604 孔- Unit 2		20	8.9%	67.4%	5.9%	17.8%	9.4	3.1	本书
9604 孔- Unit 3		45	5.5%	71.5%	6.4%	16.6%	18.1	2.7	本书
9603 孔- Unit 1		6	2.9%	71.3%	6.5%	19.4%	24.6	3.0	郭峰，2000
9603 孔- Unit 2		7	6.4%	63.4%	9.0%	21.3%	9.9	2.4	郭峰，2000
9603 孔- Unit 3		25	4.9%	67.7%	10.0%	17.4%	13.8	1.7	郭峰，2000
现代长江		8	6%	66%	16%	12%	11.0	0.8	Yang et al.，2003
		8	6.6%	70.8%	9.4%	13.2%	12.1	1.4	范德江等，2001
		87	10%	65%	14%	11%	6.5	0.8	杨作升，1988
		—	5.5%	68%	12.7%	13.9%	12.4	1.1	Xu，1983
现代黄河		8	12%	62%	10%	16%	5.2	1.6	Yang et al.，2003
		14	15.2%	62.5%	9.7%	12.5%	4.3	1.3	范德江等，2001
		35	16%	62%	10%	12%	3.9	1.2	杨作升，1988
		—	23.2%	59%	8.5%	9.3%	2.5	1.1	Xu，1983

续 表

海 区	数量	Sm	Illi	Kao	Chl	Ill/Sm	Chl/Kao	参 考 文 献
长江三角洲前缘	35	2%	58%	16%	23%	29	1.4	方习生等,2007
长江前三角洲	30	3%	63%	13%	20%	21	1.5	方习生等,2007
东海陆架	62	11.8%	59.7%	8.9%	19.6%	5.1	2.2	李国刚,1990
	14	8%	60.5%	7.5%	23.9%	7.6	3.2	Chen, 1973
	6	5.8%	55%	13.7%	25.4%	10.0	1.9	Aoki and Oinuma, 1974
ODP1202B	38	7%	67%	6.1%	19.9%	9.9	3.3	Diekmann et al., 2008
台湾东部陆架	14	6.4%	61.9%	5%	26.6%	9.7	5.3	Chen, 1973
冲绳海槽	8	5.3%	69%	6%	19.7%	17.5	3.3	Aoki and Oinuma, 1974

注:Illi=伊利石;Chl=绿泥石;Sm=蒙脱石;Kao=高岭石。

表6-2）。此外，现代长江水下三角洲由于波浪和潮汐作用的分选作用，颗粒较小、易随水搬运的蒙脱石含量较低（方习生等，2007），与现代长江和陆架沉积物有所不同。

东海大陆架沉积物虽然主要来源于长江，但在地质历史时期其组成可能与现代长江的物质有所区别，气候条件的差异可使不同时代形成的黏土矿物组合有所不同。东海外陆架多残留沉积物，是末次盛冰期时形成。LGM时气候干冷，因此外陆架黏土矿物组分中，绿泥石含量高于内陆架，而高岭石的含量显著减低，显示为偏低温黏土矿物组合特征（陈丽蓉等，2008）。台湾广泛分布的板岩、片岩以及第三纪和更新世沉积的土壤中，伊利石和绿泥石的含量非常丰富，而高岭石与蒙皂石仅在个别地区存在（Chen，1973）。台湾东部海域表层沉积物中的黏土矿物组分主要由伊利石和绿泥石组成，含有少量高岭石、蒙皂石、混层黏土矿物等（Dorsey et al.，1988；林庚铃，1992）。并且伊利石的含量表现出由岸向海槽方向逐渐增加的趋势，表明向陆侧的沉积物被现代沉积物所覆盖而减少了伊利石含量。绿泥石含量的分布趋势表明海槽南部细粒级沉积物主要来源于黑潮的搬运以及台湾东部板岩的沉积。

2. DGKS9604孔黏土矿物物源的定量估算

为了判断9604孔黏土矿物的来源，采用伊利石/蒙脱石、绿泥石/高岭石比值散点图以及蒙脱石-绿泥石-（伊利石＋高岭石）三端员图解进行对比分析（图6-7和图6-8）。9604孔黏土矿物潜在的物源区包括现代长江、黄河（Xu，1983；杨作升，1988；范德江等，2001；Yang et al.，2003）、东海陆架（包括长江水下三角洲样品）（Chen，1973；Aoki and Oinuma，1974；李国刚，1990；方习生等，2007）以及台湾东北部陆架（包括ODP Site 1202B样品）（Chen，1973；Diekmann et al.，2008）等。本书比较这些潜在物源区与9604孔的黏土矿物组成。

判别图显示，9604孔下部（Unit 3）黏土矿物特征与长江水下三角洲

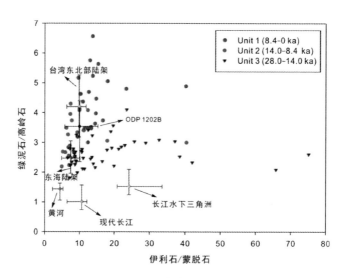

图 6-7　DGKS9604 孔的黏土矿物物源判别图

沉积物比较相近,部分点与东海陆架重合,二者都以低伊利石/蒙脱石比值为特征(图 6-7)。这表明末次冰期晚期(28.0—14.0 ka)9604 孔黏土矿物可能主要来源于古长江。9604 孔中部(Unit 2)大部分点与东海陆架重合,部分与台湾东部陆架相近,这说明在末次冰消期到中全新世期间(14.0—8.4 ka)东海中部-外部陆架是冲绳海槽中部黏土矿物的主要来源。9604 孔上部(Unit 1)具有绿泥石/高岭石比值高、高岭石含量低的特征,与海槽南部 ODP1202 钻孔黏土矿物有很好的对应关系,同时部分点与东海陆架重合。因此,可以推断中全新世以来(8.4—0 ka)冲绳海槽中部细颗粒沉积物主要来源于东海陆架以及台湾东北部陆架。基于以上判别分析,三端员组分即长江(长江水下三角洲为长江入海沉积物的分选作用形成)、东海陆架以及台湾东部沉积物被认为是冲绳海槽中部黏土矿物的主要来源。在蒙脱石-绿泥石-(伊利石+高岭石)三端员图解(图 6-8)中,长江、东海陆架以及台湾东部沉积物处在所有投点的三端,因此可以建立三端员混合模型来定量的估算三端员组分的贡献。

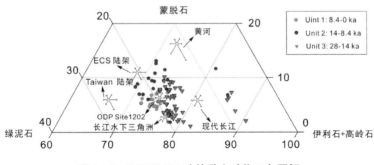

图 6-8　DGKS9604 孔的黏土矿物三角图解

依据长江、东海陆架以及台湾东部黏土矿物(蒙脱石-绿泥石-伊利石＋高岭石)含量的平均值建立三端员方程:

$$1.1X_i+14.8Y_i+3Z_i=M_i$$

$$16.4X_i+15.2Y_i+26Z_i=Ch_i$$

$$82.5X_i+70Y_i+71Z_i=KI_i$$

X_i、Y_i 和 Z_i 分别代表 9604 孔样品(i)中长江、东海陆架以及台湾东部黏土矿物的贡献;M_i、Ch_i、KI_i 分别代表 9604 孔样品(i)中蒙脱石、绿泥石以及(伊利石＋高岭石)含量。根据方程计算的 9604 孔黏土矿物 28 ka 的各端员贡献如图 6-9 所示。

从图中可以看出,长江源与东海陆架源是冲绳海槽中部末次冰期晚期以来(28.0—14.0 ka)黏土矿物的主要贡献端员。在此期间,长江源贡献逐渐升高,由 50% 上升到 80% 左右,东海陆架源贡献则由 50% 逐渐降低到 10% 左右。末次冰消期到全新世早期(14.0—8.4 ka),东海陆架黏土矿物贡献在 13 ka 时上升到 60%,然后逐渐降低到 30% 左右。长江源黏土矿物贡献在短时间内(15—13 ka)从 60% 降低到 30%。与此同时,台湾源沉积物贡献由 12 ka 的不到 20% 逐渐上升到 8 ka 的 50% 左右。这一计算结果与海槽南部 ODP1202 孔黏土矿物组成一致。该孔研究表明冲绳海槽南部全新世以来黏土矿物主要来源于台湾东北部河

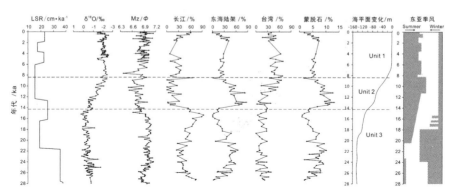

图 6‐9　DGKS9604 孔黏土矿物的三端员物源贡献(氧同位素和粒度曲线来 Yu et
al. (2008, 2009);平面曲线据 Lambeck and Chappell(2001)和李广雪等
(2009);东亚季风变化据 Wang et al. (2001)

流(Diekmann et al., 2008)。全新世以来,台湾源黏土矿物是 9604 孔细
颗粒沉积物主要物源,长江源和东海陆架源贡献分别在 20% 左右
(图 6‐9)。此外,计算结果显示在最近 1.5 ka 以来,长江源黏土矿物贡
献突然增大到 60% 左右,而东海陆架贡献变得很低。

6.3.4　黏土矿物物源变化及其古环境演化响应

冲绳海槽中部沉积作用受多种因素影响:包括海平面变化,河流径
流,黑潮变动,以及东亚季风演变等(Wei,2006)。这些因素对冲绳海槽
沉积作用的影响程度与区域性气候和环境变化密切相关。冲绳海槽黏
土矿物绝大部分没有经过早期的成岩作用的改造,黏土矿物组合的变化
反映海区陆源物质输入的变化。因此,这样的沉积记录可以用来重建由
气候驱动的古沉积环境变化过程(风化,剥蚀,搬运过程),这些过程控制
着来自周围陆地的沉积物质输入(李传顺,2009)。

1. 末次冰期晚期‐末次冰消期早期(28—14 ka)

末次冰期晚期,气候干冷,低海平面使得东海大陆架大部分暴露
(Saito et al., 1998),暴露的陆架缩短了河口与海槽的距离。那时长江

河口可能在陆架边缘,与冲绳海槽中部很近(Ujiié et al.,2001),LGM 时海平面达到最低,台湾与琉球岛弧中南部之间存在陆桥,阻止了黑潮进入冲绳海槽,黑潮主轴偏离海槽(Ujiié et al.,1991;Ujiié,1999)。因此,末次冰期晚期大量古长江和东海陆架细颗粒沉积物可以直接输入到冲绳海槽中部地区,沉积物中古长江沉积物占绝对优势,致使 9604 孔在此阶段沉积速率较高(图 6‐9)。此外,东亚季风也是影响冲绳海槽沉积作用的重要因素:一方面,东亚季风控制边缘海河流入海通量的速率与组成(Morley and Heusser,1997;Wang,1999);另一方面,东亚季风也是影响海洋环流与沉积物的搬运的重要因素。南海的沉积物捕获器记录表明,当冬季风最强时,陆源物质入海通量达到最大值(Jennerjahn et al.,1992)。冲绳海槽中部 LGM 时高沉积速率与东亚季风的加强有一定关系,强劲的冬季风源区河流的搬运能力,加强了细颗粒沉积物跨陆架的侧向搬运,从而使得沉积区陆源通量增加(图 6‐9)。

2. 冰消期晚期‐早全新世(14—8.4 ka)

冰消期早期(18—15 ka),海平面仍然较低,长江源仍然是冲绳海槽中部黏土矿物的主要物源。随后海平面的快速上升增加了长江口与海槽之间的距离,使得长江源贡献在 15—13 ka 期间迅速降低(图 6‐9)。长江源沉积物贡献的降低与东海陆架源贡献升高相对应。15—13 ka 海平面的快速上升,加强了海水对陆架的淘洗与筛选(Steinke et al.,2008),导致东海陆架细颗粒沉积物的侧向搬运加强,海槽内陆架源物质增多。海平面在 13—8.4 ka 期间持续上升,东亚冬季风减弱,夏季风增强(Wang et al.,2008),冲绳海槽中部黏土粒级沉积物物源逐渐由长江源为主过渡到东海陆架源占优。长江源黏土沉积物的减弱与海平面快速上升,河口加速后退有直接关系(Ujiié et al.,2001)。

3. 中‐晚全新世(8.4—0 ka)

全新世早期,海平面上升至距现代海平面 40—50 m 水深位置

(Lambeck et al.，2002)，同时黑潮主轴在此期间重新进入冲绳海槽（Ujiié et al.，1991；Ujiié，1999；Xiang et al.，2007；Diekmann et al.，2008）。黑潮的变动对东海沉积物扩散和沉积模式产生重大影响。黑潮携带大量台湾东北部沉积物进入冲绳海槽南部（Wei，2006；Diekmann et al.，2008），细颗粒的黏土和粉砂在黑潮作用下有可能进一步搬运。图 6-9 显示 9604 孔在全新世早期台湾源物质由以前的低于 20% 增加到 50%，表明黑潮对海槽南部细颗粒沉积物的搬运可以产生明显影响。7 ka 时东海到达高海平面，东海环流格局和沉积物体系形成（Lembeck and Chappell，2001）。与此同时，早全新世强盛的东亚夏季风加强了大陆流域的风化侵蚀，河流入海通量增加（Wang，1999；Clift et al.，2008）。但 9604 孔长江源沉积物在早-中全新世期间贡献很低，表明加强的黑潮可能阻碍了长江源细颗粒沉积物跨越宽东海广大陆架的侧向搬运；相反，台湾源细颗粒沉积物在黑潮的搬运下到达冲绳海槽中部。值得注意的是，9604 孔长江源沉积物在 1.5 ka 有明显增加，可能与黑潮的减弱（Jian et al.，2000），长江源物质贡献相对增强有关；东亚季风在 1.5 ka 时明显加强（Wang et al.，2005），夏季风带来的降雨增加以及黑潮的减弱，增大了长江沉积物的入海通量。前人研究证实长江三角洲及河口湾地区在 2 ka 时向外海输送沉积物明显增加（Saito et al.，1998；李保华等，2003）。值得注意的是，计算所得东海陆架沉积物端员贡献垂向变化与蒙脱石含量变化趋势十分一致（图6-9），这可能与蒙脱石的特性有关。蒙脱石颗粒小、活动性强，易随水搬运，其含量在海平面快速变化的时期（15—13 ka）波动较大，即反映其水动力特性（Clark et al.，2009）。因而，黏土粒级沉积物在陆架搬运和沉积与海平面波动密切相关，蒙脱石与东海陆架贡献的一致性表明蒙脱石含量可能是示踪边缘海沉积水动力的一个潜在指标。

6.4　本 章 小 结

　　DGKS9604 孔黏土粒级沉积物(<2 μm)元素组成的因子分析结果显示陆源成因因子(F1)、内源因子(F2)、生源组分因子(F3)以及火山、热液因子组分(F4)是控制细颗粒物源主要影响的因子。4 个因子的方差贡献分别为 55%,14%,14%和 6%,累积方差贡献为 89%。

　　据样品的因子得分将 9604 孔由上而下划分出物源的 3 个不同阶段：为 0—7 ka(Unit 1),7—12 ka(Unit 2),12—28 ka(Unit 3)。各阶段因子得分与沉积物物源和古环境变化密切相关。上部沉积物(Unit 1)生源因子得分最高,火山热液因子次之,表明全新世高海平面以后沉积物中陆源组分偏低,加之黑潮的加强,生源组分成为海槽中部细粒级沉积物的一个重要来源。同时全新世沉积物受到火山物质影响。7—12 ka(Unit 2)为过渡期,海平面的快速上升使得陆源组分降低,生源组增加。下部沉积物(Unit 3)以陆源因子最高,其他因子得分很低,体现了低海平面时期冲绳海槽沉积的物源供给状况。

　　9604 孔黏土矿物主要由伊利石(63.0%～87.3%)和绿泥石(7.1%～22.8%)组成,蒙脱石(1.0%～13.1%)和高岭石(2.0%～8.8%)含量较低。岩心中黏土矿物组成具有明显的阶段性变化特点。黏土矿物的物源示踪显示,末次冰期晚期(28.0—14.0 ka)9604 孔在黏土矿物可能主要来源于古长江。末次冰消期到早全新世期间(14.0—8.4 ka)黏土矿物主要来源于东海中部-外部陆架。早全新世以来(8.4—0 ka)冲绳海槽中部细颗粒沉积物主要来源于东海陆架以及台湾东北部陆架。黏土矿物的各物源端员贡献的定量估算结果表明 28 ka 以来冲绳海槽中部沉积物中黏土矿物物源受海平面变化、黑潮变动的制约。

第 *7* 章

28 ka 以来冲绳海槽中部和南部沉积物物源判别及环境响应

7.1 海槽中部 DGKS9604 孔沉积物物源示踪及环境响应

7.1.1 沉积物常、微量元素组成特征

为了研究陆源和火山源硅酸盐物质的来源与组成,采用浓度 1 N 的高纯盐酸淋洗样品,测试沉积物中酸不溶相中的元素组成。1 N 的高纯盐酸可以去掉全部的碳酸盐和部分 Fe - Mn 氧化物,但不能去掉生源蛋白石(Asahara et al. , 1995; Song and Choi, 2009)。由于冲绳海槽沉积物中 Fe - Mn 氧化物和生源蛋白石含量很低(刘焱光,2005),因此经过盐酸处理后残余沉积物基本属于硅酸盐碎屑。

常量元素是岩芯沉积物的主要化学成分,表征着沉积物的岩石学基本特征,其含量变化主要受宿主矿物控制,同时也反映物质来源和沉积作用。9604 孔沉积物常量元素组成见图 7 - 1。常量元素除 SiO_2 外,Al_2O_3 是沉积物的主要成分,平均含量为 15.9%。K_2O 和 TFe_2O_3 的含量比 TiO_2、MgO、Na_2O 要高。由于样品已除去碳酸盐,CaO 含量在0.7%左右,

基本赋存在硅酸盐矿物中。从常量元素含量的垂向变化看,不同氧化物在钻孔中呈现不同的变化特征。总体上,Al_2O_3、K_2O和TiO_2在垂向上的变化趋势相近,近7 ka以来含量明显增高;TFe_2O_3、MgO、P_2O_5和MnO的含量变化相近,在0—4 ka和17.8—13.2 ka期间含量较高。CaO含量整体稳定,在近4 ka以来波动变化显著,Na_2O除在2个层位有峰值外,含量稳定。

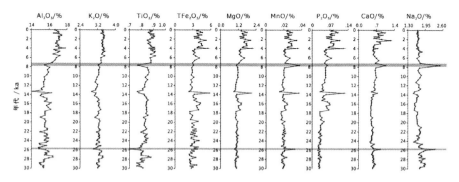

图7-1　DGKS9604孔1 N盐酸不溶相组分中常量元素组成

微量元素比常量元素更能有效地指示岩石成因特征,尤其是相对不活泼微量元素可以有效识别特殊的地球化学特征和沉积物物源区(Rollinson,1993)。9604孔不活泼微量元素Sc、Rb、Y、Zr、Hf、Th、Nd等含量变化如图7-2所示。

微量元素在海水中含量很低且存留时间短,主要赋存在沉积物碎屑中,因此可以反映源区碎屑组分的元素特征(Taylor and McLennan,1985;Rollinson,1993)。9604孔不活泼微量元素在7.6 ka时发生重大变化,其中Sc、Rb、Y、Hf、Nb等含量明显上升,Zr、Th等与之相反,在中全新世以来略有下降。因此,可以以7.6 ka为界,将钻孔分为Unit 1(7.6—0 ka)和Unit 2(30—7.6 ka)两部分,两部分不活泼元素除Rb和Nb略有变化外,其他元素基本上在Unit 1和Unit 2中变化比较小,反映物质组成的相对稳定。

V、Cr、Co、Cu、Zn、Mn等过渡金属元素虽然在海洋地球化学循环中

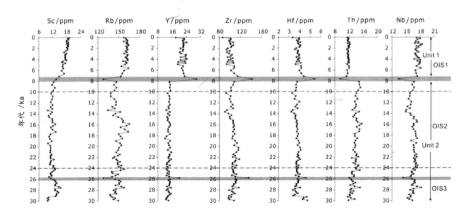

图 7-2　DGKS9604 孔酸不溶相组分中不活泼微量元素含量垂向变化

行为不完全相同,但它们均具有共同的特性,即在底层海水、沉积物、孔隙水之间的循环很大程度上受控于这些环境内的氧化还原条件的变化,是探讨底层水氧化还原状态变化的有效示踪剂(Francois,1988; Shaw et al.,1990;韦刚健等,2001)。9604 孔沉积物过渡金属元素垂向变化趋势如图 7-3 所示。这些元素在中全新世约 7.6 ka 以前垂向变化不大,仅在 14 ka 左右含量有明显的突变。从中全新世开始 9604 孔过渡金属元素含量缓慢升高。这同前面的相对不活泼的微量元素如 Sc、Rb、Y、Hf、Nb 等变化趋势基本一致。值得注意的是,4 ka 以来一些过渡金属元素含量波动明显,如 Co、Zn、TFe_2O_3、MnO 等元素含量显著升高。

7.1.2　沉积物稀土元素地球化学特征

1. REE 组成特征

DGKS9604 孔岩芯中 REE 总量($\sum$REE)变化较大,分布范围为 110.3~212.3 $\mu g/g$,平均值为 148.4 $\mu g/g$,接近于全球沉积物平均值(150~300 $\mu g/g$)的下限(Haskin,1966)。轻稀土元素(LREE)范围为 99.37~192.1 $\mu g/g$,重稀土(LREE)为 9.66~22.06 $\mu g/g$,LREE 较

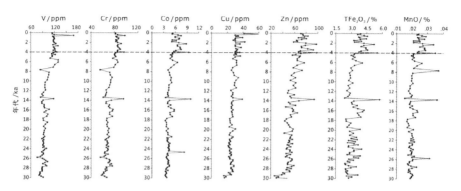

图 7 - 3　DGKS9604 孔酸不溶相组分中过渡金属元素含量垂向变化

HREE 明显富集。根据 REE 垂向变化特征,以 150 cm 为界,可分为 Unit 1(7.6—0 ka) 和 Unit 2(30—7.6 ka) 两段(图 7 - 4),各段 REE 含量变化很小。下段(Unit 2)各 REE 含量明显小于上段(Unit 1)(图 7 - 4 和图 7 - 5),两段 $\sum$REE 平均值分别为 127.0 μg/g 和 198.6 μg/g。

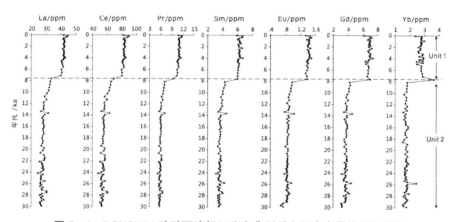

图 7 - 4　DGKS9604 孔酸不溶相组分中典型稀土元素含量的垂向变化

2. REE 分异特征

(La/Yb)$_{UCC}$、(Sm/Gd)$_{UCC}$、(Gd/Yb)$_{UCC}$ 作为表征稀土元素分馏特征的重要参数,在岩芯 150 cm 处都发生明显变化。150 cm 以下(下段 Unit 2),(La/Yb)$_{UCC}$ 平均值为 1.18,高于上段(Unit 1,均值为

1.12),表明下段沉积物轻、重稀土分异比上段较明显。(Gd/Yb)$_{UCC}$是表征中稀土与重稀土之间分异程度的参数。图 7-5 同样显示,150 cm 上下两段沉积物中稀土与重稀土分异较大。

　　9604 孔 δCe 变化范围为 0.90～1.00,下段明显高于上段,下段均值为 1.00,基本无异常;上段显示弱的 Ce 负异常,均值为 0.91。δEu 值自下向上逐渐降低,下段略高于上段;在岩芯中变化范围为 0.61～0.76,显示明显 Eu 负异常,表明相对于球粒陨石存在中等程度的 Eu 亏损。9604 孔沉积物中 Eu 的亏损程度与世界平均上陆壳(UCC)、中国东部上陆壳以及长江、黄河沉积物非常接近(Yang et al.,2002),基本反映了沉积物源区的大陆地壳性质。此外,研究钻孔在深度 150 cm 和 575 cm 处,稀土元素特征参数(La/Yb)$_{UCC}$、(Sm/Gd)$_{UCC}$、(Gd/Yb)$_{UCC}$ 以及 δEu 等都发生较大变化,两处对应 AMS[14]C 年代分别为 7.63 ka BP 和 25.76 ka BP,可能与末次冰期晚期 K-Ah 和 AT 两次火山事件有关。

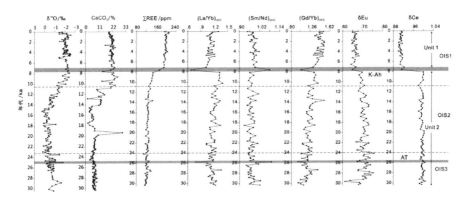

图 7-5　DGKS9604 孔酸不溶相组分中稀土元素参数垂向变化

　　3. REE 配分模式

　　9604 孔沉积物经球粒陨石标准化后的配分模式明显一致(图 7-6)。稀土元素从 La 到 Lu 球粒陨石标准化值逐渐降低;La-Eu 段曲线较陡,Eu-Lu 段较平缓。在 Eu 处有一个明显的负异常;轻、重稀土具较强的分异作用,稀土元素分布模式呈左高右低的不规则 V 型曲线。上段沉积物(Unit 1;<7.6 ka)REE 含量较高,其 UCC 配分曲线在上方,轻稀土配分形态与下段沉积物(Unit 2;30—7.6 ka)不同。

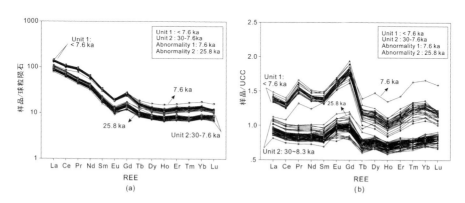

图 7-6　DGKS9604 孔酸不溶相组分中稀土元素球粒陨石和 UCC 标准化曲线

由于上陆壳沉积物(UCC)的 REE 含量与一般的陆源碎屑沉积物非常接近,因此 UCC 标准化的配分曲线比球粒陨石配分曲线更能反映沉积物 REE 组成特征的细微差异。9604 孔沉积物 UCC 配分曲线无明显 Eu 异常和 Ce 异常,而表现为明显的重稀土富集,且上下段(Unit 1 和 Unit 2)沉积物有较大区别(图 7-6(b)):Unit 2 沉积物轻稀土和重稀土略富集,配分曲线相对平坦,具有上陆壳沉积物的典型特征,而上段 Unit 1 沉积物配分曲线波动较大,中稀土富集明显。此外上述提到的两处年代分别为 7.63 ka 和 25.76 ka 沉积物,其 UCC 配分曲线表现为轻稀土明显亏损,重稀土富集,具有典型火山物质特征。

7.1.3　沉积物稀土元素控制因素

陆源碎屑沉积物中元素组成受到源岩类型、源区风化作用、搬运过程中的分选作用而引起的沉积粒度和矿物组成差异等一系列因素的影响。以 Cullers 为代表的一批学者详细地研究了 REE 在沉积物中的富集规律,认为黏土粒级具有与物源最近似的 REE 组成特征,而砂粒级中由于石英和长石的稀释作用使得 REE 模式偏离源岩特征(Cullers,1987)。

9604 孔沉积物主要由黏土质粉砂组成,平均粒径范围为 6.3～7.2 Φ(Yu et al.,2008),粒径变化很小。化学风化指数(CIA)是表征沉积物形成过程中所经历的化学风化程度,钻孔 CIA 值变化范围为 60.7～68.7,为较弱-中等化学风化。为了考察粒度和化学风化对沉积物 REE 元素的影响,我们计算了沉积物粒度、CIA 与稀土元素之间的相关系数(表 7 - 1),结果显示 REE 参数包括 $\sum$REE、δEu、δCe,$(La/Yb)_{UCC}$ 与 CIA 值、平均粒径(Mz)、砂、粉砂、黏土的相关系数都很低(图 7 - 7),大部分都低于 0.3。$(La/Yb)_{UCC}$ 与 CIA 值相关系数最高,也仅仅为 0.36,这说明 9604 孔沉积物中 REE 组成基本不受粒度和化学风化的影响。此外,海洋沉积物物质组成还受到自生组分,如 Fe - Mn 氧化物的影响,深海 Mn 结核高度富集稀土元素(Elderfield et al.,1981)。据前人研究,冲绳海槽内 Fe - Mn 氧化物较少(李军,2007),加之 9604 孔沉积物用 1 N 浓度的高纯 HCl 处理可以去掉大部分 Fe - Mn 氧化物(Song and Choi,2009),Fe - Mn 氧化物应该不是控制沉积物稀土元素组成的主要因素。虽然 $\sum$REE、δEu、δCe、$(La/Yb)_{UCC}$ 与 TFe_2O_3 及 MnO 的相关系数总体不高,基本都小于 0.6(图 7 - 7;表 7 - 1),但$\sum$REE与 TFe_2O_3 及 MnO 的相关系数达到 0.6 左右,似乎说明 Fe - Mn 氧化物对于总 REE 组成还是有一定的影响,但如果将岩芯的上、下段沉积物$\sum$REE 分别与 TFe_2O_3 及 MnO 作相关分析,看不出它们之间明显的相关性(图 7 - 7),反映 Fe - Mn 氧化物对岩芯 REE 组成的影响并不显著。而 δEu、δCe、$(La/Yb)_{UCC}$ 与 TFe_2O_3 及 MnO 都呈负相关,但相关系数并不高,δEu、δCe 与 TFe_2O_3 及 MnO 的负相关性稍好。

表 7 - 1　REE 控制因素与 REE 参数间相关系数

参数	砂	粉砂	黏土	Mz	CIA	∑REE	δEu	δCe	(La/Yb)$_{UCC}$	TFe$_2$O$_3$	MnO
砂	1.00										
粉砂	−0.39	1.00									
黏土	−0.23	−0.81	1.00								
Mz	−0.73	−0.27	0.76	1.00							
CIA	−0.22	−0.10	0.25	0.37	1.00						
∑REE	0.31	−0.11	−0.08	−0.17	0.18	1.00					
δEu	−0.27	0.07	0.10	0.20	0.00	−0.74	1.00				
δCe	−0.29	0.13	0.05	0.14	−0.16	−0.97	0.69	1.00			
(La/Yb)$_{UCC}$	0.05	−0.06	0.03	0.03	0.36	−0.23	0.16	0.32	1.00		
TFe$_2$O$_3$	0.13	−0.20	0.13	0.09	0.27	0.57	−0.43	−0.57	−0.08	1.00	
MnO	0.24	−0.05	−0.11	−0.17	−0.16	0.62	−0.53	−0.63	−0.36	0.84	1.00

注：砂、粉砂、黏土以及 TFe$_2$O$_3$、MnO 单位为％；∑REE 单位为 μg/g；平均粒径（Mz）单位为 Φ。

　　重矿物如锆石、独居石、石榴石、褐帘石以及榍石等 REE 元素含量很高，对沉积物中的 REE 含量产生一定影响（Gromet and Silver，1983；Tayor and McLennan，1985；McLennan，1989；Hannigan and Sholkovitz，2001）。最近研究表明，现代长江水系沉积物中重矿物对 REE 元素的含量贡献小于 20％（Yang et al.，2002）。9604 孔平均粒径在 6.3～7.2 Φ 之间，小于长江沉积物粒度的平均组成[（6.3±0.4）Φ]，这说明重矿物可能也不是 9604 孔沉积物的主要控制因素。因此，9604 孔所测沉积物中的 REE 组成基本由细颗粒的硅酸盐碎屑贡献，其变化与沉积物物源有关。

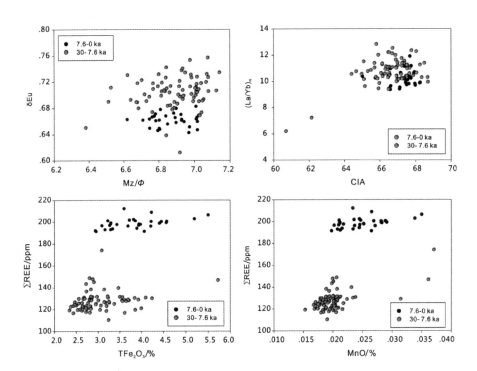

图 7-7　9604 孔沉积物中 REE 参数与平均粒径、CIA、TFe_2O_3 及 MnO 的相关图

7.1.4　沉积物物源判别：REE 元素证据

冲绳海槽沉积物中硅酸盐碎屑组分潜在物源包括由河流和风尘搬运的陆源组分、火山和热液组分以及由黑潮带来的海槽南部沉积物。前人已证实冲绳海槽中部和北部沉积物主要来源于东海陆架，东海陆架沉积物主要由中国的两条大河长江和黄河供应（秦蕴珊等，1987；Iseki et al.，2003；Katayama and Watanabe，2003；Liu et al.，2007）。但由于东海陆架沉积物与现代长江沉积物的形成时代不一致，沉积物的元素组成有所差异。9604 孔潜在物源区的 REE 组成特征如表 7-2 所示。

与东海表层沉积物相比，9604 孔沉积物具有高 ΣREE、$(La/Yb)_{UCC}$ 以及 $(La/Sm)_{UCC}$ 值，低 $(Gd/Yb)_{UCC}$ 值特征，轻稀土元素分异较强。其

表 7-2　DGKS9604 孔、上陆壳(UCC, Taylor and McLennan, 1985)，东海陆架(ECS, 赵一阳等,1990)，台湾西南部沉积物(Chen et al., 2007)，长江与黄河沉积物(Yang et al., 2002)以及冲绳海槽火山岩(Shinjo and Kato, 2000)等 REE 元素组成特征

样　品	深度/cm	年　代	∑REE	δEu	δCe	(La/Yb)$_{UCC}$	(Gd/Yb)$_{UCC}$	(La/Sm)$_{UCC}$
Unit 1	0—142	0—7.6	198.6±4.8	0.66	0.91	1.12	1.44	1.01
Unit 2	158—743	7.6—30.3	127.0±9.3	0.71	1.00	1.19	1.24	1.14
7.63 ka	150	7.63 ka	174.0	0.65	0.91	0.68	1.10	0.84
25.76 ka	575	25.76 ka	129.0	0.67	1.00	0.79	1.04	0.92
9604 孔	0—743	0—30.3	148.4±33.5	0.69	0.97	1.16	1.29	1.10
UCC	—	—	146.4	0.65	1.03	1.00	1.00	1.00
ECS	表层	现代	120.2	0.60	1.03	0.99	1.56	0.75
台湾	0—2 340	—	—	0.65	—	1.41	1.33	0.96
黄河	河漫滩	现代	119.4	0.60	0.98	0.98	1.12	1.02
长江	河漫滩	现代	140.6	0.61	0.98	1.15	1.10	1.14
火山岩	—	—	109.6	0.76	0.99	0.37	0.74	0.62

注:∑REE 单位为 μg/g;长江与黄河为酸不溶相;UCC,ECS,台湾与火山岩为全岩组成。

上部沉积物(Unit 1)REE 含量高于下部(Unit 2),且配分模式也不同,下部沉积物(Unit 2)REE 含量及分异特征与现代长江、黄河相近(表7-2);上部则与长江、黄河有所不同,表明这两部分沉积物物源区有所差异。为进一步判断沉积物物源,采用(La/Yb)$_{UCC}$与ΣREE 散点图以及(La/Sm)$_{UCC}$与(Gd/Yb)$_{UCC}$散点图将 9604 孔沉积物与潜在物源区对比(图7-8和图7-9)。

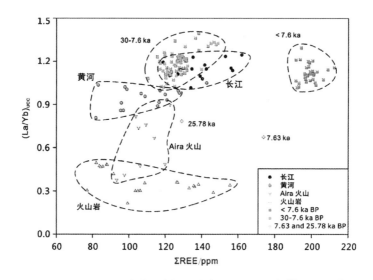

图 7-8 DGKS9604 孔酸不溶相组分中(La/Yb)$_{UCC}$与ΣREE 散点图

图7-8 显示 9604 孔下部沉积物(Unit 2)与长江沉积物重合,具有(La/Yb)$_{UCC}$高,即轻、重稀土元素分异程度大、ΣREE 高的特征,表现较强的陆源沉积物属性,黄河沉积物(La/Yb)$_{UCC}$值较上部沉积物(Unit 1)和长江低。9604 孔上部沉积物(Unit 1)其物源与长江和黄河有所不同,具有高ΣREE 值,ΣREE 在 190 $\mu g/g$ 之上,而下段沉积物的ΣREE 主要在 150 $\mu g/g$ 之下。

因为全岩沉积物的 REE 绝对含量容易受沉积粒度影响,因而可能不是一个理想的物源示踪参数,我们采样 REE 配分参数来区分 9604 孔岩芯沉积物来源。(La/Sm)$_{UCC}$与(Gd/Yb)$_{UCC}$散点图同样显示 9604 孔下部沉

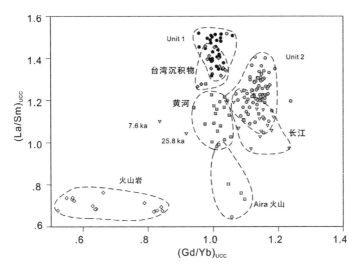

图7-9　DGKS9604孔酸不溶相组分中$(La/Sm)_{UCC}$与$(Gd/Yb)_{UCC}$散点图

积物(Unit 2)主要来源于长江,部分可能来源于黄河,而上部沉积物(Unit 2)的REE组成与台湾西沉积物(Chen et al.,2007)相近(图7-9),表明全新世中期以来(7.6—0 ka BP)9604孔部分沉积物可能与台湾源有关。

需要说明的是台湾源沉积物端员选自台湾西南部全岩样品,REE受到沉积物中生物碳酸盐的影响,另外如果台湾源沉积物可以搬运到海槽中部,也应该主要以台湾东北部河流入海物质为主,而目前还没有发表数据证实台湾入海河流的REE组成基本一致。因此,本书选用的台湾西南海区沉积物样品的代表性可能不强。如果台湾沉积物能够搬运到达冲绳海槽中部地区,应主要为细颗粒的陆源碎屑。在2009年初,台湾中央研究院的高树基博士曾经提供给我们几个台湾岛东北侧河流包括兰阳溪的河口沉积物样品,但因为样品主要为粉细砂组成,难以直接与9604孔岩芯REE组成比较。因此,下一步工作应该选取台湾东北部河流细颗粒悬浮沉积物进行端员对比会更有意义。

来自冲绳海槽海底、东坡及日本西南部Kyushu岛火山物质对冲绳海槽中部沉积作用产生一定影响,火山物质可能是海槽中部碎屑沉积物的另一物源端员(Machida,1999)。9604 孔深度 150 cm 和 575 cm 处沉积物具有明显的火山物质组成特征,其 REE 配分模式呈现明显的重稀土富集、轻稀土亏损的特征,与该区火山物质配分曲线非常相近(图 7‑10)。

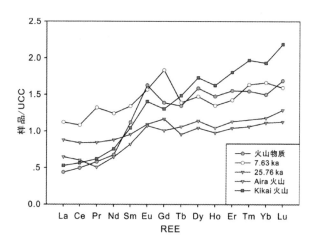

图 7‑10 DGKS9604 孔中两个火山灰层沉积物
配分曲线及与周边火山物质比较

在(La/Yb)$_{UCC}$ 与 $\sum$REE 散点图以及(La/Sm)$_{UCC}$ 与(Gd/Yb)$_{UCC}$ 散点图上,这两层样品的重稀土元素明显富集,具有海槽周边典型火山物质的组成特征。这两处沉积层对应的年代分别为7.63 ka和25.76 ka,与冲绳海槽北部、中部沉积物中普遍发现的两次火山事件时间 Kikai-Akahoya(K‑Ah)和 Aira-Tanzawa(AT)很相近(Arakawa et al.,1998;Hamasaki,2002)。K‑Ah 和 AT 火山位于日本西南 Kyushu 岛,喷发的时间分别为 7 324 Cal yr BP(Kitagawa et al.,1995)和(25 120±270) Cal yr BP(Miyairi et al.,2004)。冲绳海槽沉积物中火山灰层主要由火山玻璃和浮岩两种类型组成(Xu and Oda,1999;刘娜等,2000),其$\sum$REE 平均值分别为 93.7 $\mu g/g$(刘娜等,2004)和109.6 $\mu g/g$(Shinjo and Kato,2000)。9604 孔两处火山沉积层$\sum$REE 为 174.0 $\mu g/g$ 和 129.0 $\mu g/g$,明显高于火山玻璃和火山岩的 REE 值,表明这两层物质是

火山物质和陆源碎屑的混合。根据判别图分析,岩芯深度 150 cm 处沉积物是由 K－Ah 火山物质、细颗粒台湾源沉积物以及东海陆架沉积物组成;深度 575 cm 处沉积物可能主要由 AT 火山灰和河流带来的中国大陆沉积物组成。

7.1.5　碎屑沉积物的 Sr－Nd 同位素组成

根据 9604 孔沉积速率及氧同位素曲线变化,以不等间距取样,选取 31 个碎屑沉积物样品进行 Sr－Nd 同位素测试。沉积物经过 1 N 的高纯盐酸 20 mL 淋洗(具体的实验步骤见第 3 章分析),样品测试在中国科学院广州地球化学研究所同位素地球化学实验室完成,结果如表 7－3 所示。

最近,我们与台湾成功大学游镇峰教授合作,对 9604 孔碎屑沉积物中的 Fe－Mn 氧化物相的 Nd 同位素进行了测试(表 7－3;未发表数据),实验主要流程包括:① 将 0.2 g 沉积物放入 15 mL 离心管中,加 7 mL Milli－Q 水,震动 20 min,离心 20 min 以除去吸附态组分;② 加 7 mL NaAc 溶液,震动 6 hr 后离心 20 min 以去除碳酸盐相;③ 加入 7 mL 盐酸羟氨溶液,震动 4 hr 后离心以提取 Fe－Mn 氧化物相;④ 最后用 HNO_3 和 HF 消解残渣相。该 Fe－Mn 氧化物相的 Nd 同位素实验由台湾成功大学游镇峰教授课题组完成。

9604 孔碎屑沉积物 Sr－Nd 同位素变化特征与氧同位素($\delta^{18}O$)和平均粒径(Mz)有对应的关系,其垂向变化特征如图 7－11 所示,由上到下可分为 3 层,各层 Sr－Nd 同位素特征变化如下:

1. Unit 1：0～142 cm(0—7.1 ka)

该层为全新世中期高海平面以来的沉积,沉积物平均粒径(Mz)和 $^{87}Sr/^{86}Sr$ 比值非常稳定。Mz 在 6.7～7.1 Φ 之间变动,$^{87}Sr/^{86}Sr$ 比值在 0.710 943～0.711 247 之间微小波动,平均值为 0.711 085±14,比

表 7－3　9604 孔沉积物中酸不溶相组分 Sr－Nd 同位素以及 Fe－Mn 氧化物相中 Nd 同位素组成

样号	年代	深度	Rb	Sr	$^{87}Sr/^{86}Sr$	Sm	Nd	$^{143}Nd/^{144}Nd$	TDM	$\varepsilon_{Nd}(0)$
1	0.04	1	157.76	117.37	0.711 247±14	5.91	36.09	0.512 087±7	−0.55	−10.8
2	0.57	13	163.22	133.88	0.711 178±13	6.21	36.92	0.512 086±9	−0.55	−10.8
3	1.09	25	161.68	130.35	0.711 104±14	6.3	37.04	0.512 091±6	−0.54	−10.7
4	1.61	37	161.27	126.13	0.711 093±14	6.13	36.55	0.512 090±7	−0.54	−10.7
5	2.23	49	163.36	142.17	0.711 039±17	6.62	38.35	0.512 103±6	−0.54	−10.4
6	2.93	61	158.09	124.77	0.711 106±16	6.27	36.99	0.512 085±6	−0.55	−10.8
7	3.62	73	159.92	122.21	0.711 138±13	6.27	36.32	0.512 090±7	−0.54	−10.7
8	4.15	85	163.48	124.39	0.711 018±13	6.15	36.92	0.512 104±6	−0.54	−10.4
9	4.69	97	162.14	128.69	0.711 114±14	6.08	35.12	0.512 086±6	−0.55	−10.8
10	5.62	118	164.35	128.06	0.710 943±14	6.13	36.27	0.512 098±7	−0.54	−10.5
11	7.11	142	153.23	124.21	0.710 949±13	6.04	35.14	0.512 065±7	−0.56	−11.2
12	8.68	166	143.15	118.35	0.710 710±16	4.38	25.68	0.512 076±7	−0.55	−11.0
13	10.25	190	138.62	124.81	0.719 875±17	4.07	24.16	0.511 989±8	−0.60	−12.7
14	11.29	206	143.97	118.64	0.712 204±16	3.99	24.34	0.512 062±7	−0.56	−11.2

续　表

样号	年代	深度	Rb	Sr	$^{87}Sr/^{86}Sr$	Sm	Nd	$^{143}Nd/^{144}Nd$	TDM	$\varepsilon_{Nd}(0)$
15	11.82	214	146.51	126.81	0.712 280±19	3.9	23.02	0.512 087±6	−0.55	−10.7
16	12.97	238	144.64	117.35	0.712 497±16	3.73	22.67	0.512 001±12	−0.59	−12.4
17	13.91	262	145.36	117.99	0.712 765±19	3.8	22.73	0.512 045±8	−0.57	−11.6
18	14.85	286	154.78	118.64	0.714 923±31	3.75	22.25	0.512 043±9	−0.57	−11.6
19	15.79	310	165.48	115.58	0.716 059±27	3.76	22.66	0.512 045±9	−0.57	−11.6
20	16.86	334	159.08	111.93	0.715 533±14	3.76	22.18	0.512 051±6	−0.56	−11.4
21	18.53	366	155.46	117.1	0.715 286±19	3.53	21.97	0.512 049±7	−0.57	−11.5
22	20.20	398	150.54	115.41	0.714 705±21	3.74	22.41	0.512 055±7	−0.56	−11.4
23	22.58	462	148.19	121.87	0.714 644±23	3.65	21.82	0.512 036±7	−0.57	−11.7
24	23.26	486	148.71	121.66	0.715 062±19	3.51	21.2	0.512 054±6	−0.56	−11.4
25	23.93	510	152.71	118.81	0.715 367±17	3.44	20.79	0.512 046±8	−0.57	−11.5
26	24.38	526	152.92	117.44	0.715 258±17	3.67	22.17	0.512 037±7	−0.57	−11.7
27	25.31	559	145.51	125.58	0.714 814±11	3.53	20.77	0.512 055±9	−0.56	−11.4
28	26.21	591	150.52	121.64	0.714 454±14	3.76	21.47	0.512 080±6	−0.55	−10.9

续　表

样号	年代	深度	Rb	Sr	$^{87}Sr/^{86}Sr$	Sm	Nd	$^{143}Nd/^{144}Nd$	TDM	$\varepsilon_{Nd}(0)$
29	27.11	623	145.55	122.3	0.714 255±11	3.56	21.24	0.512 036±7	−0.57	−11.7
30	27.99	655	142.46	125.15	0.713 800±13	3.38	20.19	0.512 044±6	−0.57	−11.6
31	28.84	687	137.53	125.47	0.714 203±13	3.46	20.92	0.512 043±6	−0.57	−11.6
32	29.69	719	142.49	129.99	0.715 125±13	3.59	21.01	0.512 042±8	−0.57	−11.6
33	0.13	3	—	—	—	—	—	0.512 308	—	−6.43
34	7.37	146	—	—	—	—	—	0.512 146	—	−9.61
35	8.94	170	—	—	—	—	—	0.512 147	—	−9.59
36	14.06	266	—	—	—	—	—	0.512 147	—	−9.58
37	15.00	290	—	—	—	—	—	0.512 166	—	−9.21
38	16.65	330	—	—	—	—	—	0.512 083	—	−10.83
39	20.41	402	—	—	—	—	—	0.512 115	—	−10.21
40	23.37	490	—	—	—	—	—	0.512 105	—	−10.40
41	27.00	6	—	—	—	—	—	0.512 142	—	−9.67

注：样品 33—41 为 Fe - Mn 氧化物相样品；年代单位为 ka；深度为 m；Rb、Sr、Sm、Nd 为 ppm。

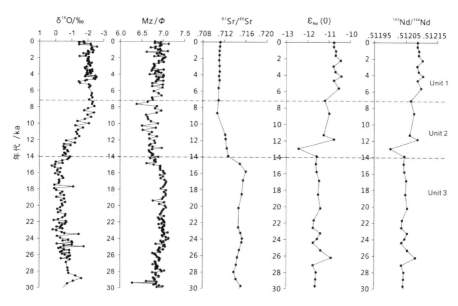

图 7 - 11　DGKS9604 孔沉积物 Sr - Nd 同位素垂向变化特征

其他两个阶段均低。$^{143}Nd/^{144}Nd$ 整体变化趋势与 $^{87}Sr/^{86}Sr$ 相反,在此阶段处于最高值,波动变化明显,变化范围为 0.512 065~0.512 104,平均值为 0.512 090±7。

2. Unit 2:142~262 cm(7.1—13.9 ka)

该层由低海平面向高海平面上升的过渡期。从冰消期到中全新世,$^{87}Sr/^{86}Sr$ 值由 0.712 765 逐渐下降到 0.710 710,平均值为 0.712 091±17。而 $^{143}Nd/^{144}Nd$ 比值变化趋势与 $^{87}Sr/^{86}Sr$ 相反,呈逐渐上升趋势,由 0.512 045 上升到 0.512 076,均值为 0.512 054±8。

3. Unit 3:262~719 cm(13.9—29.7 ka)

该层为末次冰期晚期,从氧同位素 3 期晚期到末次盛冰期再到冰消期早期,海平面存在由高到最低再上升的变化趋势。$^{87}Sr/^{86}Sr$ 和 $^{143}Nd/^{144}Nd$ 比值相对稳定。冰消期以前 $^{87}Sr/^{86}Sr$ 垂向波动但变化不大,均值为 7.148 08±18,16—14 ka 期间明显降低。$^{143}Nd/^{144}Nd$ 除在

23 ka 和 26 ka 时有两次波动增大外,一直比较稳定,^{143}Nd/^{144}Nd 在该段平均值为 0.512 048±7,达到三个阶段的最低值;而^{87}Sr/^{86}Sr 与之相反,在本段中最高。

7.1.6 沉积物中 Sr－Nd 同位素组成的影响因素

根据 Tessier(1979)的分类,海洋沉积物中的微量元素主要由 5 种不同组分构成:① 吸附在沉积物表层的淋滤相;② 碳酸盐碎屑;③ 海水自生 Fe－Mn 氧化物;④ 有机质组分;⑤ 沉积物碎屑组分。前人发展出沉积物各种相态的提取方法(Chester and Hughes,1967;Tessier et al.,1979;Chao and Zhou,1983;Hall et al.,1996),但目前仍然没有建立标准的海洋沉积物的同位素化学提取方法(Bayon et al.,2002)。在大部分研究中,碳酸盐相从全岩沉积物中去除,沉积物中其他自生组分如 Fe－Mn 氧化物、生物硅等仍保留在沉积物中,研究都是假设上述组分对碎屑沉积物同位素组成影响很小为前提(e. g. Revel et al.,1996;Graham et al.,1997;Parra et al.,1997;Grousset et al.,1998;Asahara et al.,1999;Wlter et al.,2000)。然而,在海洋生产力高的海区,Fe－Mn 氧化物等自生组分对沉积物同位素组成会影响沉积物中的 Sr－Nd 同位素组成。自生组分形成于海洋环境,与海水有相同的锶同位素组成。因为 Sr 元素在海洋中滞留时间达几百万年,全球海水的 Sr 同位素比较均一(0.709 2 左右,Depaolo and Ingram,1985;Palmer and Elderfield,1985a)。自生物质增加会导致沉积物中^{87}Sr/^{86}Sr 比值降低,海洋沉积物中大部分 Sr 结合在碳酸钙中,本书分析的样品已采用 1 N 浓盐酸处理,全部的碳酸盐已被去除。Nd 在碳酸盐中含量很低(<1 μg/g),但在 Fe－Mn 氧化物中含量较高,远高出碎屑沉积物(Bayon et al.,2002,2004)。海洋中 Nd 的滞留时间只有 200～1 000 年,不同水体 Nd 分布不均匀,有独特的同位素特征。海洋中自生的

Fe-Mn氧化物组分具有与海水相近的 Nd 同位素组成,其沉降并吸附到颗粒沉积物表面,而影响全岩沉积物的 Nd 同位素组成。另外,以前研究证实,相对于 Fe-Mn 氧化物、铝硅酸盐等组分,碎屑沉积物中的蛋白石 Sr-Nd 同位素含量很低,对 Sr-Nd 同位素组成产生很小影响,可以忽略不计(Grousset et al. , 1998)。本书的前面研究也表明,9604 孔的生物硅含量不到 5%,因此对全岩 Sr-Nd 同位素组成可以不考虑。因此,沉积物中的铝硅酸盐和 Fe-Mn 氧化物相是影响 9604 孔 Sr-Nd 同位素组成的主要因素。

7.1.7　沉积物的物源判别：Sr-Nd 同位素证据

REE 地球化学判别图解揭示,冲绳海槽中部 9604 孔酸不溶相组分主要由长江和东海陆架沉积物组成。国内学者利用 Sr-Nd 同位素已对冲绳海槽中部表层沉积物以及槽底钻孔沉积物(DGKS9603 孔)进行了二端员混合沉积物进行物源定量分离,得到很好的效果(孟宪伟等,2001;刘焱光,2005)。本节利用 Sr-Nd 同位素组成对位于黑潮主轴控制下的海槽西坡 9604 孔碎屑沉积物进行物源示踪。9604 孔酸不溶相组分 Sr-Nd 同位素组成与其潜在物源区 Sr-Nd 同位素组成比较如表7-4 和图 7-12 所示。

现代长江、黄河以及大陆风尘等物源端员高^{87}Sr/^{86}Sr、低^{143}Nd/^{144}Nd值,具有典型的陆源物质组成特征;而火山灰、浮岩等火山源物质与之相反,具有低^{87}Sr/^{86}Sr、高^{143}Nd/^{144}Nd 值特征(孟宪伟等,1999;Ashara et al. ,1999a, b; Liu et al. , 1994; Yang et al. , 2007)。值得注意的是,东海大陆架表层沉积物 Sr-Nd 同位素(孟宪伟等,2001)与现代长江、黄河和大陆风尘等相比,具有相近的^{143}Nd/^{144}Nd 比值,但^{87}Sr/^{86}Sr却远低于现代陆源物质。前人研究揭示,东海陆架尤其是中外陆架表层沉积物主要属于残留沉积类型,即为末次冰盛期低海平面时

表 7 - 4　冲绳海槽中部 9604 孔碎屑沉积物潜在物源区 Sr - Nd 同位素组成

沉 积 物	数量	Sr(10^{-6})	^{87}Sr/^{86}Sr	Nd(10^{-6})	^{143}Nd/^{144}Nd	来　源
9604 - Unit 1	11	128	0.711 085	37	0.512 090	本书
9604 - Unit 2	5	120	0.712 091	24	0.512 054	本书
9604 - Unit 3	15	121	0.714 899	22	0.512 048	本书
9603 - 全样	31	123	0.713 093	28	0.512 064	本书
9603 - 全样	27	123	0.720 950	16	0.512 070	刘焱光,2005
现代长江	31	—	0.722 479	—	0.512 043	Yang et al.,2007
现代黄河	—	130	0.719 271	34	0.512 012	Liu et al.,1994
火山玻璃	2	216	0.704 541	16	0.512 72	孟宪伟等,1999
浮岩	2	204	0.706 627	18	0.512 533	孟宪伟等,1999
大陆风尘	152	100	0.725 000	29	0.512 070	Ashara et al.,1999a、b
东海陆架	8	157	0.715 009	28	0.512 030	孟宪伟等,2001
Fe - Mn 氧化物相	9	—	—	—	0.512 184	本书,未发表数据

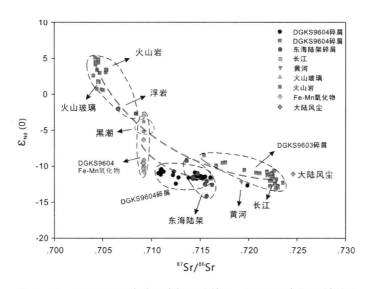

图 7 - 12　DGKS9604 孔酸不溶相组分的 Sr - Nd 同位素物源判别图

注：9604 孔的 Fe - Mn 氧化物相和黑潮水体均未测试 Sr 同位素，此处取全球大洋平均值 0.709 2。

来自中国大陆的陆源碎屑物质堆积在陆架上，在随后的冰后期海平面上升过程中，并没有或很少接受现代海洋沉积物（秦蕴珊，1987）。东海低海平面时，古长江/黄河河口在陆架上大大延伸，陆架上的陆源沉积物主要由当时的河流古水系提供。经过长期海洋环境的改造，其沉积物中 Sr 同位素组成除受物源影响外，沉积物中自生组分以及沉积物粒度可能造成碎屑沉积物中 Sr 同位素偏低。

9604 孔碎屑沉积物基本由陆源碎屑组成，其 Nd 同位素平均值为 0.512 064±16，与东海陆架、现代长江、黄河以及大陆风尘等陆源端员非常相近，表现明显的陆源属性（表 7 - 4）。而 $^{87}Sr/^{86}Sr$ 均值为 0.713 093±7，远低于现代长江、黄河、大陆风尘等物源端员。从图 7 - 12 可以看出，火山组分具有高 $\varepsilon_{Nd}(0)$、低 $^{87}Sr/^{86}Sr$ 特征，陆源组分与之相反。9604 孔 $^{87}Sr/^{86}Sr$ 显著低于现代长江、黄河以及大陆风尘等端员组成，而与东海陆架表层沉积 Sr 同位素组成相近。由于 9604 孔由黏土质粉砂组成，基本可以排除沉积物粒度对 Sr 同位素的影响。因此，9604 孔沉积物与东海陆架沉积物一致,其 Sr - Nd 同位素组成除受陆源影响外,还可能受到其他因素,如沉积物中自生组分的影响。

9604 孔沉积物自生组分主要包括 Fe - Mn 氧化物和生源蛋白石。沉积物中的 Fe - Mn 氧化物属于海水自生沉积,附着在沉积物颗粒或生物碎屑的表面,吸收周围海水中的微量元素(如 Nd、Pb 等),在富氧环境下形成(Frank,2002)。自生 Fe - Mn 氧化物中 Nd 同位素值与底层海水的 Nd 同位素相同,因而可以用 Fe - Mn 氧化物中富集的 Nd 进行深层水演化的示踪研究(Piotrowski et al.,2004)。此外,由于沉积物中 Fe - Mn 氧化物中的 Sr 同位素值与现代全球海水中 Sr 同位素很接近(Bayon et al.,2002,2004)且富集 Nd;所以,当沉积物中的 Fe - Mn 氧化物增加时,碎屑沉积物中的 Sr 同位素会降低,Nd 同位素会升高。因

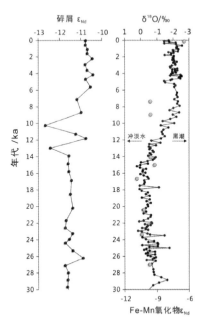

图 7 - 13　9604 孔有孔虫 $\delta^{18}O$(Yu et al.,2009)、碎屑沉积物和 Fe - Mn 氧化物相(未发表数据)Nd 同位素组成

此,9604 孔碎屑沉积物中 Sr 同位素值偏低可能与沉积物中含有一定量 Fe - Mn 氧化物自生组分有关。9604 孔 Fe - Mn 氧化物覆层 Nd 同位素明显大于同层位碎屑沉积物 Nd 同位素值。Fe - Mn 氧化物相的 Nd 同位素在冰消期以后明显升高,在全新世达到较高值(图 7 - 13),与 9604 孔 $\delta^{18}O$ 表现出一致的变化趋势。9604 孔沉积物 Fe - Mn 氧化物中 Nd 同位素的升高一方面反映冰消期以来冲绳海槽中部水体环境发生较大变化,可能与黑潮变动有关;另一方面,由于 Fe - Mn 氧化物相中 Sr 同位素与现代海水接近,一定量的

Fe-Mn 氧化物对碎屑沉积物中 Sr 同位素组成产生影响,降低其 $^{87}Sr/^{86}Sr$ 值。Bayon 等(2002)通过对北大西洋沉积物中的 Fe-Mn 氧化物化学提取实验也表明,Fe-Mn 氧化物会对海区碎屑沉积物中的 Sr 同位素比值组成产生较大影响。本书进行碎屑沉积物中的 Sr-Nd 同位素测试时未去除其中的 Fe-Mn 氧化物。因而,利用 Sr-Nd 同位素对 9604 孔沉积物进行物源示踪时,应将 Fe-Mn 氧化物列为一重要物源端员。

自生 Fe-Mn 氧化物相的 Sr 同位素与全球大洋的 Sr 同位素相近,$^{87}Sr/^{86}Sr$ 约为 0.709 2(Palmer and Elderfield,1985a),因而选择 $^{87}Sr/^{86}Sr=0.709 2$ 作为 9604 孔 Fe-Mn 氧化物端员 Sr 同位素值,结合测得的 Nd 同位素值投点。而黑潮 $\varepsilon_{Nd}(0)$ 在 $-5.6 \sim -3.9$ 之间(Amakawa et al.,2004),同样选择海水 Sr 同位素值投点,可以看出黑潮 $\varepsilon_{Nd}(0)$ 值与所测得 Fe-Mn 氧化物中的 $\varepsilon_{Nd}(0)$ 平均值相当(图 7-12)。

9604 孔下部碎屑沉积物(Unit 3:29.7—13.9 ka)与 Sr-Nd 同位素组成与东海陆架沉积物基本一致(图 7-12),表明该时间段 9604 孔碎屑沉积物主要来源于东海陆架,此结果与本书黏土矿物物源判别结果一致。9604 孔中部(Unit 2:13.9—7.1 ka)和上部沉积物(Unit 1:7.1—0 ka)明显受到 Fe-Mn 氧化物自生组分的影响,Sr 同位素较下部(Unit 3)明显偏低,为东海陆架沉积物与自生 Fe-Mn 氧化物的混合,混合趋势线如图 7-12 所示。值得注意的是,与 9603 孔距离不远、位于海槽底部的 DGKS9604 孔碎屑沉积物 Nd 同位素(刘焱光,2005)与 9604 孔相近,反映两钻孔物源的继承性,但 Sr 同位素 9603 孔明显高于 9604 孔(图 7-12),与现代长江 Sr-Nd 同位素一致,这可能与两钻孔所处的水体环境不一致有关。9604 孔位于海槽西坡生产力旺盛的上升流区域,加之高温高盐黑潮的控制,形成的富氧环境有利于自生 Fe-Mn 氧化物的形成(Frank,2002),碎屑沉积物 Sr 同位素测试如不去除 Fe-Mn 氧化物组分会造成测得的 $^{87}Sr/^{86}Sr$ 值明显偏低。此外,本书 Sr－Nd 同位素测试样品前处理时采用 650℃ 马弗炉去除有机质,此种方法与利用 H_2O_2 去除有机质相比,会破坏细颗粒沉积物的矿物晶格,部分 Sr 流失到淋滤相中(Bayon et al.,2002),这也可能是造成 9604 孔碎屑沉积物 Sr 同位素偏低的重要原因。而位于海槽底部的 9603 孔物源判别显示其碎屑沉积物组成为海槽内火山物质与陆源碎屑物质的二段元混合(图 7－12)。海槽西坡的 9604 孔其碎屑沉积物受火山物质影响较小,上节讨论表明碎屑沉积物中的 REE 元素显示 9604 孔仅两个层位存在明显火山物质。

碎屑沉积物 Sr－Nd 同位素组成揭示的 9604 孔沉积物物源变化与 REE 地球化学和黏土矿物的证据并不完全一致。REE 组成以及黏土矿物证据表明全新世高海平面以来海槽中部西侧陆坡沉积物与台湾源有关,有部分陆架物质混合。而 Sr－Nd 同位素组成由于缺少台湾端员数据,也难以直接与之比较,但 Sr－Nd 同位素、REE 组成以及黏土矿物揭示了近 30 ka 以来中国大陆的陆源碎屑物质(东海陆架)主导了该孔沉积。

我们推测造成不同指标判别出来的物源存在差异的主要原因可能有几方面:

(1) 如上所述,因为缺少台湾端员 Sr－Nd 组成的可靠数据,尤其是采用与本次研究一样的样品预处理方法得到的数据,难以直接进行同位素组成的比较。

(2) 虽然都是用 1 N HCl 处理后的酸不溶相组分,但 Sr－Nd 同位素主要反映富 Sr 和 Nd 矿物的来源,而 REE 以及其他微量元素地球化学则反映其他不同矿物的制约。因为宿主矿物或粒级差异,它们反映的物源显然也存在差异。同样,黏土矿物证据揭示的 9604 孔碎屑沉积物物源虽然总体上与 REE 判别结果一致,但也存在一些差异。显然,这也反映了不同的粒级或矿物组成对不同物源指标的控制或影响。

(3) 运用 1 N HCl 也难以完全去除碎屑沉积物中的 Fe – Mn 氧化物，而它们对岩芯中的 Sr – Nd 同位素地球化学组成的潜在影响很大。海区碎屑沉积物的 Sr – Nd 物源示踪必须考虑自生 Fe – Mn 氧化物的影响。

7.1.8　Fe – Mn 氧化物中 Nd 同位素对海洋环流的指示

Nd 在海水中驻留时间很短，仅 200—1 000 年（Elderfield，1988；Tachikawa et al.，1999），且不同水体中 Nd 同位素组成不同（Piepagras et al.，1979；Jeandel，1993）。海洋自生 Fe – Mn 氧化物形成时吸收海水中的微量元素，其 Nd 同位素组成是示踪海洋环流的变动良好指标。陆源冲淡水 Nd 同位素较低，而黑潮水具有高 ε_{Nd}（Amakawa et al.，2004）。9604 孔 Fe – Mn 氧化物相中 Nd 同位素在 16 ka 以前 ε_{Nd} 较低，可能表明陆源冲淡水的强盛（图 7 – 13）；16 ka 以来 ε_{Nd} 逐渐升高，全新世最高，与黑潮加强有关。由于 Fe – Mn 氧化物相的 Nd 同位素分辨率的限制，其对全新世黑潮变化的指示需作进一步研究。此外，由于 9604 孔沉积物末次盛冰期以来以陆源物质为主，其 Fe – Mn 氧化物组分中 Nd 同位素可能受到陆源（河流和风尘物质）Fe – Mn 氧化物中的 Nd 同位素的混染作用影响（Bayon et al.，2004），因此，只能部分反映海洋环流演化信息。海槽地区采用海洋自生 Fe – Mn 氧化物 Nd 同位素进行环流演化研究需充分评估陆源 Fe – Mn 氧化物中 Nd 同位素的混染作用的影响。

7.2　冲绳海槽中部 30 ka 以来沉积物物源变化与环境响应

冲绳海槽沉积物物源识别对于了解东海沉积历史和古环境演化有

重要意义。REE 和 Sr－Nd 同位素特征表明,冲绳海槽中部酸不溶相组分 30 ka 以来在不同时期物源有明显变化。末次冰期晚期到末次冰消期早期(30—15 ka),古长江(东海陆架)沉积物是冲绳海槽中部的主要物源,古长江沉积物可能直接输入到冲绳海槽。末次冰消期到中全新世(15—7 ka),海平面逐渐上升,黑潮可能在冰消期以后开始加强,陆源碎屑贡献逐渐降低,到全新世中期达到稳定的低值,但碎屑沉积物物源仍以东海陆架沉积物为主。冰消期以来,黑潮的变化使得沉积物中自生 Fe－Mn 氧化物增多,碎屑沉积物中 $^{87}Sr/^{86}Sr$ 值降低。此外,全新世黑潮的影响增强使得台湾源细颗粒沉积物有可能被带到海槽中部地区。海槽中部沉积物物源变化是海平面变化、黑潮变动以及河流径流等因素综合作用的结果。

末次盛冰期东海海平面距今海平面 120～135 m 以下(Lembeck and Chappell,2001;Lambeck et al.,2002;李广雪等,2009),东海大陆架大部分暴露在外,长江/黄河古河口位置可能与现今外陆架接近(图 7-14(a))。加之 LGM 时黑潮主轴偏移琉球群岛以东(Ujiié et al.,1991;Ahagon et al.,1993)。因此,来自长江或黄河的陆源细颗粒沉积物可以直接输入到冲绳海槽中部。前人研究表明,LGM 时东亚边缘海来源于中国西部黄土高原地区风尘物质输入量有所增加(Irino and Tada,2002;Nagashima et al.,2007)。黄河沉积物来源于黄土高原,与黄土有相似的 REE 组成特征(Yang et al.,2002)。9604 孔下部(Unit 2)沉积物与黄河沉积物组成特征相差较远,推测在 LGM 期间,黄河源沉积物以及风尘物质对冲绳海槽中部硅酸盐沉积物贡献不大。

末次冰消期到早全新世,陆架上的长江古河口后退,海平面不断上升,到 7 ka 时达到高海平面(Liu et al.,2007)。另外一方面,全新世黑潮加强对于冲绳海槽沉积环境产生重大影响,东海沉积物输运、扩散完全在黑潮和东海环流的控制之下(Lee et al.,2004)。台湾东部的兰阳溪正对冲绳海槽最南端,每年 600 万～900 万 t 陆源沉积物输送到冲绳海槽西南海域。冲绳海槽南部沉积物现代沉积物主要来源于台湾北部兰阳溪,极少量来自台湾东部河流(Jian et al.,2000;Jeng et al.,2003;Huh et al.,2004;Lee et al.,2004;Hsu et al.,2004)。来自台湾东北部的沉积物在黑潮的作用下可以搬运 70 km 远,而细颗粒的粉砂和黏土在黑潮作用下可以向东北方向扩散更远(Chen and Kuo,1980;Lee et al.,2004)。9604 孔上部(Unit 1)沉积物 REE 组成特征与下部(Unit 2)以及来自中国大陆的河流沉积物明显不同,而与台湾源沉积物近似(图 7 - 9)。这说明全新世中期以来台湾东北部细颗粒沉积物可能在黑潮搬运下到达冲绳海槽中部地区(图 7 - 14(b))。

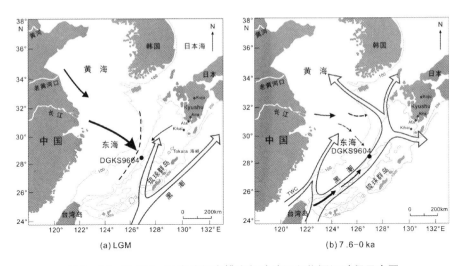

图 7 - 14　近 30 ka 以来冲绳海槽中部陆坡沉积物源汇过程示意图

沉积物悬浮体研究表明,高海平面时期东海悬浮体颗粒通过近底搬运的方式由东海外陆架输入到冲绳海槽(Iseki et al.,2003;Katayama and Watanabe,2003)。近底搬运是生源/陆源颗粒由陆架向深海扩散的主要形式(Iseki et al.,2003)。此外,全新世高海平面时期,东海外陆架沉积物的近底搬运作用由于台湾暖流和黑潮的屏障作用而变弱。黄东海陆架悬浮体的运移具有"夏贮冬输"的规律(杨作升等,1992),夏季由于黑潮的向陆架爬升的阻隔,悬浮体不能越入冲绳海槽而贮在陆架;在冬季,输往东南的悬浮体由于冬季黑潮的退缩而部分进入冲绳海槽。

值得注意的是 9604 孔沉积物 REE 垂向变化特征与 δ18O 和 CaCO3 变化并未表现出一致的对应关系,后二者在 10 ka 时发生较大变化(图 7-5),此时间与多数学者认为黑潮在冲绳海槽内开始加强的时间较为一致。δ18O 和 CaCO3 是古环境和古生产力的重要指标,与 REE 等碎屑陆源物质的物源指标相比,对海平面变化、洋流变动、季风强弱变化等古环境事件反应更敏感。

7.3　冲绳海槽南部沉积物物源示踪及环境演化

7.3.1　ODP1202 孔 28 ka 以来沉积速率与沉积环境

冲绳海槽西南部是整个冲绳海槽沉积速率最高、水团与物质作用最剧烈的地方(Hsueh et al.,1997),周围有东海陆架、陆坡、宜兰海脊、宜兰陆架、基隆海谷、棉花峡谷、北棉花峡谷等主要地形区(Song and Chang,1993;Yu and Song,1996)(图 7-15)。其中位于台湾东北外海的宜兰陆架,是陆上宜兰平原向外海的自然延伸,主要由台湾东北部河流如兰阳溪带来的大量沉积物堆积而成。东海陆架一侧棉花峡谷以及北棉花峡谷成为输送东海陆架沉积物至冲绳海槽的重要通道(Hung et al.,1999;Sheu et al.,1999;Chung and Hung,2000)。

ODP1202B 孔是位于冲绳海槽西南端、靠近宜兰海脊的高速沉积

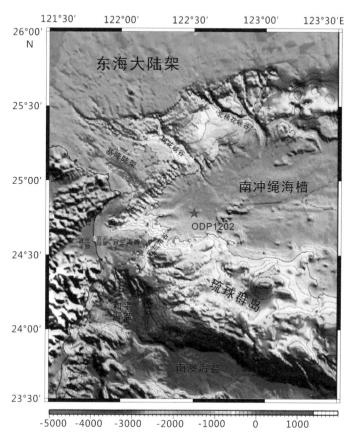

图 7-15　冲绳海槽南部地形图及 ODP 1202 岩芯位置

钻孔(图 7-15),在过去 28 ka 连续沉积了 110 m(Wei,2006),沉积速率平均为 3.93 m/ka,比周围其他钻孔的沉积速率高一个数量级,在整个东亚边缘海罕见。特别是在沉积速率最高的阶段(11—15 ka),短短4 ka 沉积了 37 m 厚沉积物,平均速率接近 10 m/ka,表明 1202B 孔处在冲绳海槽南部的沉积中心。如此高的沉积速率必定有充足的物质来源,然而对于海槽南部沉积物物源的争论已经持续了 20 多年。到底是台湾东部河流是主要物源还是东海内陆架为主要物源,目前还存在争议。

7.3.2 ODP1202 孔酸不溶相组分的元素组成特征

1. 常微量元素的组成特征

ODP1202 孔酸不溶相组分主要常微量元素垂向变化如图 7 - 16 所示。这些元素垂向变化具有明显的阶段性特征,从下到上可以分为 4 个阶段:① Unit 1(0—9 ka);② Unit 2(9—11.8 ka);③ Unit 3 (11.5—19.8 ka);④ Unit 4(19.8—28 ka)。

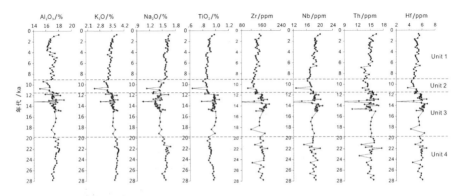

图 7 - 16 ODP1202 孔沉积物中酸不溶相组分的常量与微量元素含量

Al_2O_3、K_2O、MgO 以及 TFe_2O_3 含量较高,而 TiO_2、Na_2O、MnO 含量较低。Unit 1 期间,K_2O、Na_2O、TiO_2 含量基本稳定,而其他常量元素如 Al_2O_3、MnO、MgO 以及 TFe_2O_3 等元素在近 4 ka 以来含量明显下降。在 Unit 2 各常量元素含量波动较大,Al_2O_3、K_2O、Na_2O 等在此期间有明显降低。Unit 3 各元素含量变化不大,其中 11.5—15 ka 为整个岩芯沉积速率最高的时期。最下段的 Unit 4 各元素含量稳定,但与 Unit 3 有明显差别,Al_2O_3、K_2O、Na_2O 含量比 Unit 3 高,而 TiO_2、MnO、MgO 以及 TFe 等元素含量则略低。微量元素组成上,稳定元素如 Zr、Nb、Th、Hf 等垂向变化趋势与常量元素类似,在中间 Unit 3 冰消期晚期元素组成波动较大。

La/Ti、Cr/Ti、Co/Th、Cr/Ti、K/Ti、La/Sc 以及 Nb/Ti 等元素比值的垂向变化如图 7-17 所示。元素比值的 4 阶段特征也很明显，Unit 2 为明显的过渡期，将 1202 孔 28 ka 以来沉积物地球化学组成特征分为全新世(0—9 ka)和全新世以前(11.5—28 ka)两大部分。在沉积速率最高的阶段(11—15 ka)中元素比值波动较大，可能与沉积物中的粒度变化有关。值得注意的是，元素比值如 K/Ti、Cr/Ti、Co/Th、Cr/Th、La/Sc 等在 4 ka 前后存在显著变化，指示沉积物组成上的显著差异。

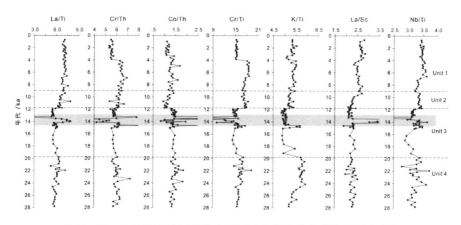

图 7-17　ODP1202 孔沉积物中酸不溶相组分的元素比值垂向变化

2. 稀土元素组成特征

ODP1202 孔 REE 指标与沉积物可淘选粒径(Sortable silt，10—63 μm)有很好的对应关系(图 7-18，图 7-19)。

根据 REE 垂向变化特征亦可以划分为 Unit 1 到 Unit 4 共四个阶段：岩芯最上部 Unit 1(0—9 ka)REE 含量较稳定；ΣREE 明显高于其他沉积阶段，平均值为 156.6 μg/g；而其他 REE 参数如 δCe，$(La/Yb)_{UCC}$，$(Gd/Yb)_{UCC}$ 等也在此阶段达到最高的平均值。Unit 2 (9—11.5 ka)为过渡期，各 REE 参数逐渐变化；Unit 3(11.5—19.8 ka)期间相对稳定，ΣREE 均值为 158.0 μg/g，其他 REE 参数包括 δCe、

表7-5 ODP1202孔酸不溶相组分主要常、微量元素含量

常量元素	数量	A₂O₃	CaO	TFe₂O₃	K₂O	MgO	MnO	Na₂O	P₂O₅	TiO₂
0—9 ka	32	16.9	0.50	3.77	3.42	1.56	0.02	1.59	0.05	0.89
9—11.5 ka	10	16.3	0.52	4.48	3.14	1.77	0.03	1.39	0.05	0.83
11.5—19.8 ka	41	17.3	0.59	4.48	3.54	1.71	0.03	1.40	0.08	0.96
19.8—28 ka	26	17.5	0.66	3.63	3.75	1.62	0.02	1.57	0.06	0.93
全孔平均	109	17.1	0.58	4.01	3.52	1.65	0.03	1.50	0.06	0.92
标准偏差	109	0.67	0.90	0.65	0.22	0.21	0.00	0.12	0.02	0.06
变异系数	109	3.89	16.4	16.1	6.25	12.7	16.1	7.78	39.4	6.46
微量元素	数量	Sc	V	Rb	Y	Zr	Nb	Hf	Ta	Th
0—9 ka	32	14.4	120.8	162.1	21.2	142.4	18.2	5.13	2.74	14.8
9—11.5 ka	10	14.2	109.9	150.4	19.1	129.7	16.8	4.69	2.33	14.2
11.5—19.8 ka	41	13.8	112.3	157.6	128.1	154.9	17.7	5.54	1.78	14.4
19.8—28 ka	26	14.7	122.1	168.1	19.2	160.9	18.0	5.78	1.87	15.0
全孔平均	109	14.2	116.9	160.8	19.8	150.3	17.9	5.40	2.13	14.6

续　表

微量元素	数量	Sc	V	Rb	Y	Zr	Nb	Hf	Ta	Th
标准偏差	109	1.95	16.3	23.5	2.76	23.8	2.35	0.85	0.61	2.00
变异系数	109	13.7	14.0	14.7	14.0	15.8	13.2	15.7	28.5	13.7
稀土元素	数量	La	Ce	Pr	Sm	Eu	Gd	Dy	Yb	Lu
0—9 ka	32	37.4	75.9	8.19	5.07	1.15	5.38	4.01	2.53	0.37
9—11.5 ka	10	33.2	65.5	7.19	4.46	1.01	4.73	3.60	2.26	0.34
11.5—19.8 ka	41	33.2	66.4	7.24	4.51	1.01	4.73	3.65	2.38	0.36
19.8—28 ka	26	33.3	65.7	7.21	4.50	1.03	4.69	3.65	2.41	0.36
全孔平均	109	34.4	68.9	7.51	27.6	1.06	4.91	3.75	2.42	0.36
标准偏差	109	5.1	10.8	1.12	0.68	0.15	0.71	0.52	0.34	0.51
变异系数	109	14.8	15.7	15.0	14.5	14.0	14.4	13.8	13.9	14.3

注：常量元素含量单位为%，微量与稀土元素单位为 $\mu g/g$。

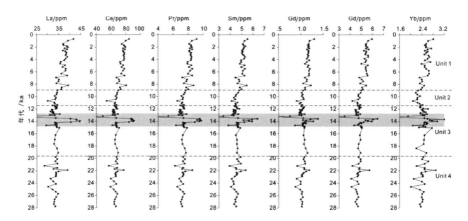

图 7 - 18　ODP1202 孔沉积物中酸不溶相组分的含量稀土元素垂向变化

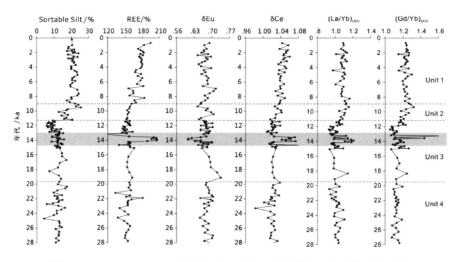

图 7 - 19　ODP1202 孔沉积物中酸不溶相组分的稀土元素参数垂向变化

(La/Yb)ucc、(Gd/Yb)ucc 比全新世低。与其他元素一样,REE 含量在
11—15 ka 波动也较大。Unit 4(19.8—28 ka)REE 比 Unit 3 稍低,在
LGM 时期有一定波动性。

　　1202 孔 δEu 介于 0.60~0.73 之间,且绝大部分在 0.65~0.70 之
间(图 7 - 19),变化范围不大,显示出中等程度的 Eu 亏损,与大陆地壳
平均组成、DGKS9604 孔等接近。δCe 变化范围在 0.93~1.09 之间,大

部分在 1.02~1.06 之间,具有 Ce 弱正异常,同样与大陆地壳以及一般
中国大陆沉积物组成接近。

　　ODP1202 孔各个阶段沉积物上陆壳(UCC)标准化的配分曲线如图
7‑20 所示。配分曲线以中稀土富集为特征,各个阶段略有所不同:0—
11.5 ka配分曲线相互平行,反映沉积物 REE 组成均一。此阶段∑REE
最高,轻稀土和中稀土相对富集,(La/Yb)$_{UCC}$和(Gd/Yb)$_{UCC}$值在几个
阶段中最大。11.5—19.8 ka 期间,个别样品配分曲线比较凌乱,主体仍较
为均一。此阶段中稀土和重稀土相对富集,(La/Yb)$_{UCC}$和(Gd/Yb)$_{UCC}$
值相对较小(图 7‑19)。19.8—28 ka 组成相对均一,重稀土相对更富
集,轻稀土亏损,配分曲线呈左侧凹,右侧突起。概括来看,ODP1202 孔
上部 0—11.5 ka 阶段沉积物配分曲线的总体特征与中段 11.5—

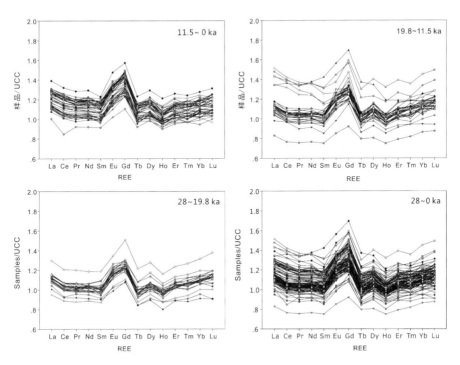

图 7‑20　ODP1202 孔中酸不溶相组分 REE 的配分曲线

19.8 ka和下段 19.8—28 ka 的两阶段沉积物存在不同,中下两个阶段沉积物 REE 地球化学特征有些类似,但后者重稀土相对更加富集。

7.3.3 ODP1202 孔沉积物物源判别

冲绳海槽南部复杂的沉积环境使得其潜在的沉积物物源传输形式复杂多样:台湾东北部的兰阳溪口正对着冲绳海槽的最南端,每年兰阳溪将 600 万～900 万 t 的冲积物输送到冲绳海槽西南部海域,因此而成为南部海槽一个重要的物源区(Kao and Liu, 2000;Jeng et al., 2003;Hsu et al., 2004)。除兰阳溪外,海槽南部沉积物还可能存在其他物源:长江每年有 4.8 亿 t 的沉积物输送到河口地区(Millimanand and Meade, 1983),其中约 60% 通过闽浙沿岸流沿海岸线向南运移(Milliman et al., 1985)。此沿岸流遇台湾暖流后转向台湾岛东北海域,然后可能进入冲绳海槽,带来了源自中国大陆的陆源沉积物(Chen et al., 1992;林庚玲,1992)。夏季时由长江输出的河水会受西南季风压制并受台湾暖流的影响,部分往东北外海扩散进入冲绳海槽,而将长江带来的源自中国大陆的陆源沉积物及台湾暖流所传输的台湾西部陆源沉积物带入冲绳海槽南部地区(Liu et al., 2006,2007)。此外,黑潮经过台湾东北部宜兰海脊进入冲绳海槽时也可将沉积物送至海槽(张晓岚,2003)。但相对河流输出物以及东海陆架上的悬浮颗粒浓度来说,这部分沉积物量很低(Chung and Huang, 2000)。因此,冲绳海槽南部碎屑沉积物物源主要包括台湾东北部陆源物质(兰阳溪输入)和中国大陆的陆源物质(包括陆架上堆积物质的再悬浮以及长江沿岸流输入),还可能含有台湾西部(台湾海峡)的陆源沉积物。

根据前面的元素含量垂向变化趋势,本研究中拟运用 K/Ti 和 (Gd/Yb)$_{UCC}$、La/Sc 和 (Gd/Yb)$_{UCC}$、(La×1 000)/Ti 和 (La/Yb)$_{UCC}$、

(La/Yb)$_{UCC}$和(Gd/Yb)$_{UCC}$等散点图用于推断冲绳海槽南部ODP1202孔28 ka以来沉积物来源(图7-21)。

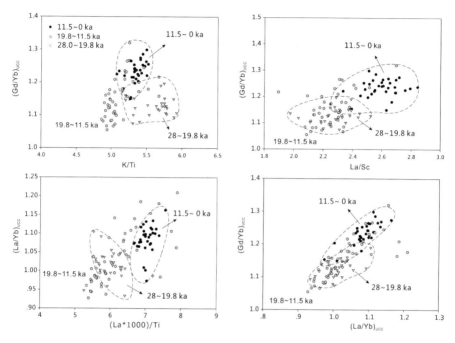

图7-21　ODP1202孔硅质碎屑沉积物物源判别图

钾是典型的亲石元素,虽然近地表环境中,含钾的铝硅酸盐类矿物容易风化水解,钾析出而被流体带走,但中国浅海沉积物K的亲碎屑性大于70%(赵一阳和鄢明才,1994),大部分钾赋存在碎屑矿物中。在页岩中由于吸附作用及阳离子交换作用可以使钾富集,因此页岩中钾含量较高,且主要取决于伊利石和黏土矿物的含量(刘英俊等,1984)。台湾东北部兰阳溪虽然全长只有73 km,但由西向东垂直落差大,其上游地区为湿润高山森林生态系统,基岩为第三纪泥页岩与砂岩(Ho,1988)。台湾广泛分布的页岩和板岩的风化产物也可提供相当多的钾。Ti在地壳中分布广泛,表生作用中比较稳定,主要以碎屑悬浮的形式被搬运入海沉积。长江悬浮颗粒中Ti含量高(Yang et al.，2004)，长江口海域为钛的高背景及高值区，台湾西部浅滩为钛的低背景及低值区(赵一阳和鄢明才，1994)。因此，K/Ti 比值能够很好地区分台湾源与长江源沉积物。图 7-21 显示 19.8—28 ka 期间 ODP1202 孔沉积物 K/Ti 比值在 28 ka 以来的三个阶段中最高，可能与富含伊利石的台湾西部沉积物供应有关。11.5—19.8 ka 绝大部分沉积物 K/Ti 比值低，可能与中国东部大陆(长江和东海陆架)沉积物供应有关，此外少数点与全新世沉积物特征相近，体现了该阶段沉积物物源的混合。0—11.5 ka 期间，K/Ti 比值中等大小，高于 11.5—19.8 ka 而低于 19.8—28 ka 期间 K/Ti 比值，推测与全新世台湾东北部沉积物供应有关。

此外，La/Sc 和 $(Gd/Yb)_{UCC}$、$(La\times1\,000)/Ti$ 和 $(La/Yb)_{UCC}$、$(La/Yb)_{UCC}$ 和 $(Gd/Yb)_{UCC}$ 等散点图也能较好区分不同时期沉积物物源特征。全新世沉积物轻稀土和中 REE 相对富集，$(La/Yb)_{UCC}$ 和 $(Gd/Yb)_{UCC}$ 最高，特征比值 La/Sc 和 $(La*1\,000)/Ti$ 也最高，与岩芯中下段沉积物组成明显不同。1202 孔沉积物元素地球化学组成的阶段性特征与海槽南部相邻钻孔 MD05-2908 一致(李传顺，2009)，该孔全新世沉积物已被证实主要以台湾东北部兰阳溪输入为主(李传顺等，2009)。因此，可以推断 ODP1202 孔全新世沉积物主要来源于台湾东北部。19.8—28 ka 和 11.5—19.8 ka 的沉积物中 La/Sc 和 La/Ti 相近，REE 分异特征也相似。19.8—28 ka 阶段沉积物投点相对较为集中，物质组成稳定；而 11.5—19.8 ka 阶段沉积物投点相对比较分散，可能反映多个沉积物物源的混合。关于 ODP1202 孔 11.5—19.8 ka 阶段沉积物物源，前人根据沉积学(Wei，2006)以及黏土矿物学(Diekmann et al.，2008)研究已得出较为一致的结论：该阶段沉积物主要来源于古长江与东海陆架；19.8—15 ka 以古长江为主；15—11.5 ka 为长江与东海陆架沉积物的混合。本文虽然没有东海陆架、台湾沉积物端员合适的地球化学参数作对比,1202 孔 11.5—19.8 ka 期间沉积物的 K/Ti 比值较低特征体现了中国东部大陆(长江和东海陆架)沉积物物源属性。对于 19.8—28 ka 时期沉积物物源存在争议,Wei (2006)认为那时海平面较低,沉积物以近源沉积为主,主要来源于台湾东北部和东海陆架。Diekmann et al. (2008)认为台湾东北部存在沿岸流,沉积物主要来源于台湾西部陆架。本书显示 19.8—28 ka 阶段孔沉积物 K/Ti 比值最高,可能主要由来源于富含伊利石的台湾西部沉积物组成。

7.4　28 ka 以来冲绳海槽南部沉积物物源与环境演化

根据硅质碎屑沉积物的物源分析,28 ka 以来冲绳海槽南部沉积物物源输入过程可以明显分为 3 个阶段:阶段Ⅰ(11.5—0 ka)、阶段Ⅱ (19.8—11.5 ka)和阶段Ⅲ(28—19.8 ka)(图 7 - 22)。前人研究揭示,冲绳海槽南部地区的碎屑沉积物堆积主要受海平面变化、黑潮变动、河流径流以及季风变化等因素控制(Wei,2006;Diekmann et al.,2008),下面从几个方面来讨论这些因素对海槽南部 1202 孔碎屑沉积物源汇过程的影响。

阶段Ⅲ(28—19.8 ka,图 7 - 22):此阶段全球海平面位于现今海面 120~135 m 之下(Lembeck and Chappell,2001;Lambeck et al.,2002),东海陆架大部分暴露(Saito et al.,1998)。台湾和琉球群岛南端之间陆桥的存在阻断了黑潮进入冲绳海槽的通道,黑潮主流偏离冲绳海槽,而位于琉球群岛以东(Ujiié et al.,1991;Ahagon et al.,1993)。起源于台湾海峡的东北沿岸流沿基隆海谷可以将台湾西北部

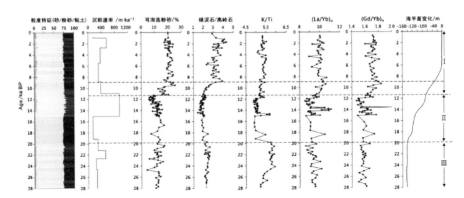

图 7-22　ODP1202 孔 28 ka 以来沉积物粒度、黏土矿物比值（Diekmann et al.，2008）；沉积速率（Wei，2006）；元素特征以及海平面变化（Lambeck and Chappell，2001；李广雪等，2009）

沉积物带入冲绳海槽（Hong and Chen，2000）。基隆海谷作为台湾西北部沉积物向冲绳海槽扩散的主要通道已被海底声学特征所证实（Hong and Chen，2000）。ODP1202 孔中此阶段沉积物的 K/Ti 比值最高，反映台湾西北部以页岩和板岩为主的沉积物特征。因此推测，末次冰期晚期低海平面时期台湾沿岸流可将台湾西北部沉积物沿基隆海谷搬运至冲绳海槽南部（图 7-23(a)）。沉积物中可淘选粉砂含量较低，黏土矿物中绿泥石与高岭石比值介于冰消期与全新世之间（Diekmann et al.，2008）。

　　阶段Ⅱ（19.8—11.5 ka）：海平面的上升以及气候的变化可以引起冲绳海槽沉积物物源的变化。海平面控制了陆架暴露的范围以及古河口与冲绳海槽的距离；气候变化影响流域降雨量，从而影响河流入海通量。末次盛冰期（LGM，22—18 ka）古长江河口与冲绳海槽中部距离很近（Ujiié et al.，2001），使得河流入海物质应更易到达冲绳海槽，但由于 LGM 时气候比较干冷，河流入海通量降低，9604 孔沉积速率在 LGM 时有所降低。海槽南部的 1202 孔也有类似的规律，在 19—15 ka 期间并不高，可能与该孔位于海槽南部，LGM 时期源区干旱少雨的源区气候

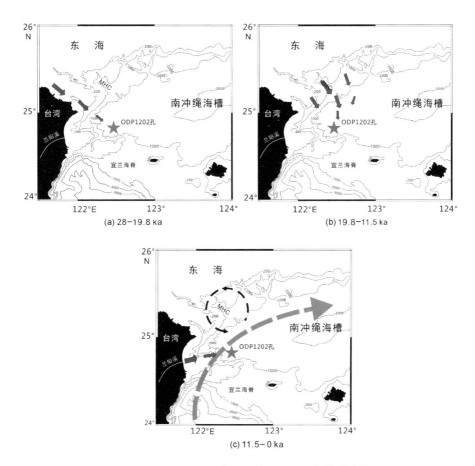

**图 7 - 23　ODP1202 孔记录的 28 ka 以来硅质碎屑
沉积物源汇过程(底图据 Wei, 2006)**

有关。随着冰后期海平面的上升,海平面的快速上升加强了对陆架沉
积物的侵蚀与淘选,大量细颗粒沉积物被带入海槽内,ODP1202 孔沉
积物物源发生变化,K/Ti 比值最高,古长江成为主要物源。棉花峡谷
以及北棉花峡谷成为输送东海陆架沉积物至冲绳海槽的重要通道[图
7 - 23(b);Hung et al.,1999;Sheu et al.,1999;Chung and Hung,
2000]。与前一阶段不同的是,15—11 ka 阶段暖湿东亚气候(Wang et
al.,2005;Yancheva et al.,2007;Wang et al.,2008)使得河流的径流

量增加,进一步加强了陆源河流沉积物的向海输运,1202 孔在此阶段沉积速率高达 10 m/ka,如此高的沉积速率是海平面快速上升时期海水对陆架沉积物淘选作用加强,以及气候变化引起的河流径流量的增加等多因素综合作用的结果。另一学者证实 15—11 ka 期间台湾东北部兰阳溪输出的沉积物主要堆积在兰阳平原,难以直接输运到研究区(Chen et al.,2004),兰阳三角洲在 15—3 ka 期间沉积物高达 230 m(Wei et al.,2003a)。因而在 15—11 ka 期间,台湾不是 1202 孔的主要物源。

阶段 I(11.5—0 ka):11—9 ka 是冲绳海槽南部沉积环境重要的过渡期。在此期间,东海海平面上升到距今 $-50 \sim -40$ m(Lambeck et al.,2002),黑潮开始加强(Diekmann et al.,2008)。黑潮的加强可以长距离搬运台湾粗颗粒粉砂进入冲绳海槽南部,1202 孔可淘选粉砂($10 \sim 63$ μm)在 11 ka 以来含量明显增加(Diekmann et al.,2008)。此外,1202 沉积物 K/Ti、$(La/Yb)_{UCC}$ 和 $(Gd/Yb)_{UCC}$ 等地球化学指标以及伊利石/高岭石比值在 11.5—9 ka 期间也逐渐上升,到 9 ka 达到稳定的高值。上述结果表明 11—9 ka 期间 1202 孔沉积物物源由东海陆架源过渡到台湾源,全新世期间台湾源成为海槽南部主要物源(图 7-24)。在台湾东北海域,现今的黑潮流速在 $36 \sim 202$ cm/s 之间变化(Andres et al.,2008),这样的洋流速度可以有效地携带粗粉砂和细砂。位于台湾北部的逆时针涡流,是一个天然的沉积物捕捉器,并将捕捉到的悬浮颗粒进一步向深水区运移并供给 550 m 水深以下的陆坡反向流(Chuang et al.,1993;Hsu et al.,1998)。棉花峡谷位于黑潮逆时针涡流之下并且成为沉积物向海槽输送的天然通道。海槽南部与 ODP1202 孔相近的 MD05-2908 孔相关研究已证实其中全新世以来沉积物主要来自台湾东部陆源风化物质(李传顺cc 等,2009)。

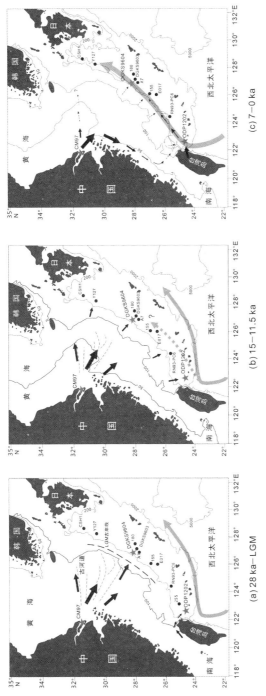

图 7 - 24　28 ka 以来冲绳海槽中部和南部沉积物源汇过程

注：28 ka 以来长江入海沉积物的随海平面变化而发生变化：28～LGM 低海平面阶段，东海陆架以及陆架以外的冲绳海槽成为长江入海沉积物的"汇"，在陆架形成古河道；15—11.5 ka 快速上升阶段，东海陆架仍为长江沉积物的"汇"，海平面上升增强海水对陆架沉积物的淘洗与筛选，将沉积物向海槽搬运；高海平面时期，东海内陆坡成为长江入海沉积物的主要"汇"，南冲绳海槽成为台湾东北部沉积物的主要"汇"，在外陆架斜坡存在着陆架沉积物向海槽向近底侧的搬运。

7.5　28 ka 以来冲绳海槽中部、南部
沉积物源汇过程与环境响应

　　从 DGKS9604 孔和 ODP1202 孔沉积物的物源分析可以看出,冲绳海槽中部、南部硅质碎屑沉积物的输运过程受到源区气候、海平面和洋流变化的多重制约(孟宪伟等,2007;Diekmann et al.,2008;Kao et al.,2008)。海平面变化控制河口与沉积区的距离(Lambeck et al.,2002;Liu et al.,2004),气候变化影响河流入海通量,而且边缘海的海洋环流演变影响到海区沉积物输运过程(秦蕴珊等,1987;Morley and Heusser,1997;Wang,1999)。现结合前人以及本书的研究工作,综合考虑长江、台湾等源区的气候、东海 LGM 以来海平面变化以及东海流系演化等影响冲绳海槽沉积作用的因素,对 28 ka 以来冲绳海槽中部、南部沉积物源汇过程作一总结(图 7-24)。

　　末次冰期晚期(28—18 ka),东海海平面位于现代海平面之下 120～135 m(Lambeck et al.,2002),陆架大面积出露,中国东部陆架平原上发育古河道(Saito et al.,1998;Liu et al.,2000;Yoo et al.,2000;李广雪等,2004)。台湾与琉球群岛之间存在陆桥阻断了黑潮主流进入冲绳海槽的通道(Ujiié,1999),黑潮在琉球群岛以东。那时台湾东北部存在沿岸流,将台湾西北部 Tanshui 溪沉积物搬运至台湾东北部而进入冲绳海槽南部(Hong and Chen,2000)。基隆海谷成为台湾西北部沉积物向冲绳海槽扩散的主要通道(Hong and Chen,2000)。海槽中部,当时长江古河口可能距离沉积区很近,长江携带的陆源碎屑沉积物可直接输入到海槽中部。值得注意的是,9604 孔、1202 孔以及海槽中南部的其他钻孔在末次盛冰期的沉积速率都小于冰消期(15—7 ka),这表明陆源碎

屑向海槽搬运除受海平面变化影响外,还与源区的气候有关。氧同位素三期晚期至 LGM 时,东亚大陆气候比较干冷,流域风化远比今天弱,因此河流入海通量较小,且一些河流入海物质可能堆积在宽广的大陆架上,因此导致直接进入到冲绳海槽的碎屑沉积物并不是特别丰富,相应地海槽中的沉积速率也不是特别高。

LGM 结束时冰川开始融化(Fairbanks,1989;Rhlemann et al.,1999;Yokoyama et al.,2001),东海海平面上升,海平面的上升加强了对陆架沉积物的侵蚀与淘选,因此,海槽内除古长江碎屑沉积物的输入外,大量陆架细颗粒沉积物可被带入海槽内。海槽南部,棉花峡谷以及北棉花峡谷成为输送东海陆架沉积物至冲绳海槽的重要通道(Chung and Hung,2000;Hung et al.,1999;Sheu et al.,1999)。在海平面快速上升时期(15—11 ka),1202 孔沉积速率异常高,达 10 m/ka,如此高的沉积速率一方面说明海平面快速上升时期海水对陆架沉积物淘选作用加强,另一方面也可能与气候变化引起的河流入海通量的增加有关。在海槽中部,沉积物主要来自长江以及东海陆架的沉积物。东海陆架斜坡浊流、牵引流和滑坡沿海底峡谷搬运是沉积物向海槽输运的重要方式(李巍然等,2001)。

11—9 ka 是冲绳海槽南部沉积环境重要的过渡期。在此期间,东海海平面上升到距今−50~−40 m(Lambeck et al.,2002),黑潮开始加强(Diekmann et al.,2008)。黑潮对冲绳海槽沉积环境产生重大影响:一方面黑潮可将大量台湾东北部沉积物搬运至海槽南部,使得9 ka 以后台湾源成为冲绳海槽南部沉积物的主要物源,粉砂及黏土等细颗粒沉积物在黑潮的作用下可能进一步向海槽中部搬运,9604 孔物源判别显示 7 ka 以来台湾细颗粒沉积物可能成为海槽中部沉积物重要物源之一。另一方面,黑潮作为天然屏障,阻碍了陆架沉积物向海槽的输运。

全新世中期(7 ka BP 左右),东海海平面进入高水位期,东海的环流格局形成。现代海洋学和沉积学研究表明,冬季和夏季长江入海沉积物由于受到台湾暖流的阻隔基本滞留在 123°E 以西的内陆架,极少能扩散到 124°E 以东海域(Milliman et al.,1985;杨作升和郭志刚,1991,1992)。实际观测分析表明,东海现代沉积过程中存在着悬浮体由陆架向海槽的近底侧向搬运(Iseki et al.,1994,2003;Honda et al.,2000;Oguri et al.,2003),且具有"冬贮夏输"季节性格局(杨作升等,1992;Yanagi et al.,1997;郭志刚等,1997;孙效功等,2000;Iseki et al.,2003)。海槽中部 9604 孔沉积物中全新世沉积物主要来源于东海陆架近底搬运,还有可能包括黑潮搬运来的台湾东北部细颗粒沉积物。同时,中部西侧陆坡沉积也受全新世火山物质的影响,但是影响范围与深度似乎没有北部、槽底或东侧陆坡显著。

7.6 本 章 小 结

结合海槽中部、南部古海洋研究资料,本章通过对冲绳海槽中部 DGK9604 孔和南部 ODP1202 孔酸不溶相组分元素组成以及 DGK9604 孔沉积物 Sr - Nd 同位素组成特征的分析,得出以下结论:

9604 孔的下部沉积物(30—7.6 ka)主要来源于长江(东海陆架),部分可能来源于黄河;而上部沉积物(7.6—0 ka)REE 组成与台湾沉积物相近,表明全新世中期以来 9604 孔沉积物物源除受东海陆架影响外,部分沉积物可能与台湾源有关。此外,REE 特征显示,9604 孔沉积物在 7.63 ka 和 25.76 ka 可能受 K - Ah 和 AT 火山物质的影响。Sr - Nd 同位素显示 30 ka 以来 9604 孔硅酸盐碎屑主要由东海陆架沉积物,基本不受火山物质影响。1 M HCl 不能去除沉积物中的 Fe - Mn 氧化物,造成碎屑沉积物中 Sr 同位素偏低,与槽底 9603 孔有所不同。

冲绳海槽南部复杂的沉积环境使其潜在的沉积物物源传输形式复杂多样。28—19.8 ka 期间 ODP1202 孔沉积物主要由台湾西北部沉积物组成,末次冰期台湾东北沿岸流将台湾西北部沉积物沿基隆海谷带入冲绳海槽;19.8—11.5 ka 期间沉积物主要由东海陆架沉积组成;全新世以来台湾东北部沉积物(主要由兰阳溪供应)是 1202 孔主要物源。

海平面和黑潮的变动以及源区气候的变化是冲绳海槽中部和南部沉积物物源变化的主要因素。冰期低海平面时期海槽中部以长江和陆架物质输运为主,冰后期以来海平面的上升以及黑潮的影响,海槽中部沉积物通量以及沉积物搬运路径也发生变化。海槽南部沉积物物源除受以上因素影响外,还同时受到区域性地形和流系的影响。

第 *8* 章

结论与展望

本书选择长江口(CM97 孔)、冲绳海槽中部(DGKS9604 孔)以及南部(ODP 1202B 孔)三个代表性钻孔为研究对象,运用元素地球化学为主的研究手段,结合黏土矿物及 Sr－Nd 同位素等方法,研究沉积物的沉积学与地球化学组成变化规律,探讨晚第四纪(近 28 ka 以来)东亚边缘海陆源(河流)沉积物的从源到汇过程及对古环境变化的响应。得出以下结论:

(1) 长江口 CM97 孔冰后期沉积物不同沉积相沉积元素变化趋势基本一致,但由于受沉积物粒度的影响,各沉积相中酸不溶相组分元素含量有明显的差异。岩芯沉积物中稀土元素(REE)组成与沉积粒度相关性不大,其配分模式总体接近,具有典型的上陆壳特征,反映了冰后期长江沉积物组成相对稳定。4 ka 以来三角洲相沉积物更偏酸性物源;最下部的河床相以砂质沉积物为主,与末次盛冰期河流下切,随后海平面上升,河谷迅速充填,大量近源粗粒沉积物混入有关。

(2) 冲绳海槽中部 DGKS9604 孔 28 ka 以来 $CaCO_3$、TOC 和生物硅等生源组分堆积速率的变化反映古生产力逐渐下降的趋势。古生产力变化与陆源物质输入通量变化、洋流格局与季风气候演化等因素密切相关。在末次冰期晚期(28—22 ka),陆源物质输入增强导致营养物质供应增加,加上冬季风强化的影响,古生产力高;LGM 时期(22—18 ka)东亚大陆源区低降水量导致河流带来的陆源营养物质明显减少,生产力明显偏低;冰消期晚期海平面快速上升,陆源物质输入量迅速减少;另外,冰消期高温、寡营养盐的黑潮加强致冰消期后期到全新世早期海槽中部古生产力迅速降低。CaCO₃含量及其堆积速率在 15—7 ka 之间有几次明显降低可能对应黑潮减弱、陆源冲淡水增强有关。

(3) DGKS9604 孔黏土粒级沉积物($<2~\mu$m)元素组成的因子分析结果显示细颗粒物源主要受陆源因子(F1)、内源因子(F2)、生源组分因子(F3)以及火山、热液因子组分(F4)控制。据样品的因子得分将 9604 孔由上而下划分出物源的 3 个不同阶段:为 0—7 ka(Unit 1),7—12 ka (Unit 2),12—28 ka(Unit 3)。各阶段因子得分与沉积物物源和古环境变化密切相关。全新世高海平面以后沉积物(Unit 1)中陆源组分偏低,加之黑潮的加强,生源组分成为海槽中部细粒级沉积物的一个重要来源。同时全新世沉积物受到火山物质影响。7—12 ka(Unit 2)为过渡期,海平面的快速上升使得陆源组分降低,生源组增加。下部沉积物(Unit 3)以陆源物质为主,其他因子得分很低,体现了低海平面时期冲绳海槽沉积的物源供给状况。

(4) 9604 孔黏土矿物物源示踪显示,末次冰期晚期(28.0—14.0 ka)黏土矿物可能主要来源于古长江。末次冰消期到早全新世期间(14.0—8.4 ka)黏土矿物主要来源于东海中部-外部陆架。早全新世以来(8.4—0 ka)冲绳海槽中部细颗粒沉积物主要来源于东海陆架以及台湾东北部陆架。黏土矿物的各物源端员贡献的定量估算结果表明 28 ka 以来冲绳海槽中部沉积物中黏土矿物物源受海平面变化、黑潮变动的制约。

(5) 9604 孔下部(30—7.6 ka)全样酸不溶相沉积物主要来源于长江(东海陆架),部分可能来源于黄河;而上部沉积物(7.6—0 ka)REE 组成与台湾沉积物相近,表明全新世中期以来 9604 孔沉积物物源除受东海陆架影响外,部分沉积物可能与台湾源有关。此外,REE 特征显示,

9604 孔沉积物在 7.63 ka 和 25.76 ka 可能受 K-Ah 和 AT 火山物质的影响。Sr-Nd 同位素显示 30 ka 以来 9604 孔硅酸盐碎屑主要由东海陆架沉积物组成,基本不受火山物质影响。1 M HCl 不能去除沉积物中的所有 Fe-Mn 氧化物,造成碎屑沉积物中 Sr 同位素偏低,与槽底 9603 孔有所不同。海洋自生 Fe-Mn 氧化物相的 Nd 同位素组成可指示冰后期黑潮对海槽沉积环境的影响,但其响应比较复杂,不同于其对典型的深海洋流演化的指示。

(6) 冲绳海槽南部 ODP1202 孔沉积物 28—19.8 ka 期间主要由台湾西北部沉积物组成,末次冰期台湾东北沿岸流将台湾西北部沉积物沿基隆海谷带入冲绳海槽;19.8—11.5 ka 期间沉积物主要由东海陆架沉积组成;全新世以来台湾东北部沉积物(主要由兰阳溪供应)是 1202 孔主要物源。

总体来看,海平面和黑潮的变动以及源区气候的变化是冲绳海槽中部和南部沉积物物源变化的主要因素。冰期低海平面时期海槽中部以长江和陆架物质输运为主,冰后期以来海平面的上升以及黑潮的影响,海槽中部沉积物通量以及沉积物搬运路径也发生变化。海槽南部沉积物物源除受以上因素影响外,还同时受到区域性地形和流系的影响。

值得注意的是,Sr-Nd 同位素组成揭示的沉积物物源变化与 REE 地球化学和黏土矿物的证据并不完全一致。不同指标判别出来的物源存在差异的主要原因为:① 缺少台湾端员 Sr-Nd 同位素组成数据,因而 Sr-Nd 同位素判别结果未考虑台湾端员沉积物的影响。② 虽然分析的都是酸不溶相组分,但不同的地球化学指标反映不同矿物的制约。因为宿主矿物或粒级差异,它们反映的物源显然也存在差异。③ 冲绳海槽西坡沉积物中自生组分物如自生 Fe-Mn 质沉积物可能运用 1 N HCl 也难以完全去除,而它们对岩芯沉积物元素与 Sr-Nd 同位素地球化学组成的潜在影响值得今后深入研究。

参考文献

[1] Ahagon N，Tanaka Y，Ujiié H，et al. Florisphaera profunda，a possible nannoplankton indicator of late quaternary changes in seawater turbidity at the northwestern margin of the Pacific[J]. Mar. Micropaleontol，1993，22：255 – 273.

[2] Alley R B，Ágústsdóttir A M. The 8 ka event：cause and consequences of a major Holocene abrupt climate change[J]. Quat. Sci. Rev，2005，24：1123 – 1149.

[3] Alley R B，Marotzke J，Nordhaus W D，et al. Abrupt climate change[J]. Science，2003，299：2005 – 2010.

[4] Amakawa H，Alibo D，Nozaki Y. Nd concentration and isotopic composition distributions in surface waters of Northwest Pacific Ocean and its adjacent seas[J]. Geochem J，2004，38：493 – 504.

[5] Andres M，Wimbush M，Park J-H，et al. Observations of Kuroshio flow variations in the East China Sea[J]. J. Geophys. Res，2008，113，C05013. doi：10. 1029/2007JC004200.

[6] Aoki S，Oinuma K. Clay mineral compositions in recent marine sediments around Nansei-Syoto Islands，south of Kyushu，Japan[J]. J. Geol. Soc，Jpn，1974，80：57 – 63.

［7］ Arakawa Y, Kurosawa M, Takahashi K, et al. Sr – Nd isotopic and chemical characteristics of the silicic magma reservoir of the Aira pyroclastic eruption, southern Kyushu［J］. J. Volcanol. Geoth. Res, 1998, 80: 179 – 194.

［8］ Asahara Y, Tanaka T, Kamioka H, et al. Provenance of the north Pacific sediments and process of source-material transport as derived from Rb – Sr isotopic systematics［J］. Chem. Geol, 1999, 158: 271 – 291.

［9］ Asahara Y, Tanaka T, Kamioka H, et al. Provenance of the north Pacific sediments and process of source material transport as derived from Rb – Sr isotopic systematics［J］. Chem. Geol, 1999a, 158: 271 – 291.

［10］ Asahara Y. $^{87}Sr/^{86}Sr$ variation in the north Pacific sediments: A record of Milankovitch cycle in the past 3 million years［J］. Earth. Planet. Sc. Lett, 1999b, 171: 453 – 464.

［11］ Athanasios K, Jean L S, Thomas M MJr, et al. El Nino-like pattern in Ice Age tropical Pacific sea surface temperature［J］. Science, 2002, 297: 226 – 230.

［12］ Bain D C. The weathering of chlorite minerals in some Scottish soils［J］. J. Soil Sci, 1977, 28: 144 – 164.

［13］ Bard E, Arnold M, Hamelin B, et al. Radiocarbon calibration by means of mass spectrometric $^{230}Th/^{234}U$ and ^{14}C ages of corals: an updated database including samples from Barbados, Mururoa and Tahiti［J］. Radiocarbon, 1998, 40: 1085 – 1092.

［14］ Bayon G, German C R, Boella R M. An improved method for extracting marine sediment fractions and its application to Sr and Nd isotopic analysis ［J］. Chem Geol, 2002, 187: 179 – 199.

［15］ Bayon G, Germana C R, Burtonb K W, et al. Sedimentary Fe – Mn oxyhydroxides as paleoceanographic archivesand the role of aeolian flux in regulating oceanic dissolved REE［J］. Earth Planet. Sci. Lett, 2004, 224:

477 - 492.

[16] Bentahila Y, Othman D B, Luck J-M. Strontium, lead and zinc isotopes in marine cores as tracers of sedimentary provenance: A case study around Taiwan orogen[J]. Chem. Geol, 2008, 248: 62 - 82.

[17] Berger W H, Smetacek V S, Wefer G. Ocean productivity and paleoproductivity-an overview[M]//Berger W H, Smetacek V S, Wefer G, eds. Productivity of the Ocean: Present and Past. New York: John Wiley and Sons, 1989, 1 - 34.

[18] Bhatia M R. Rare earth element geochemistry of Australian Paleozoic graywackes and mudrocks: Provenance and tectonic controls[J]. Sedi. Geol, 1985, 45: 97 - 113.

[19] Boynton W V. Cosmochemistry of the rare earth elements: meteorite studies [J]. Devition of Geoche, 1984, 2: 63 - 114.

[20] Chamley H. Long-term trends in clay deposition in the ocean[J]. Oceanol. Acta. Spec, 1981, 105 - 110.

[21] Chao T T, Zhou L. Extraction techniques for selective dissolution of amorphous iron oxides from soils and sediments[J]. J. Soil Sci. Soc. Am. Proc, 1983, 47: 225 - 232.

[22] Chen C, Beardsley R C, Limeburner R, et al. Comparison of winter and summer hydrographic observations in the Yellow and East China Seas and adjacent Kuroshio during 1986[J]. Cont. Shelf Res, 1994, 14: 909 - 929.

[23] Chen J C, Lo C Y, Lee Y T, et al. Mineralogy and chemistry of cored sediments from active margin off southwestern Taiwan[J]. Geochem. J, 2007, 41: 303 - 321.

[24] Chen M-P, Kuo C-L. Grain size analysis of the sediments of the Southern Okinawa Trough[C]//Proc. Geol. Soc. China, 1980, 3: 105 - 17.

[25] Chen M-P, Lo S-C, Lin K-L. Composition and texture of surface sediment indicating the depositional environments off Northeast Taiwan. Terr. Atmos

[J]. Oceanic Sci, 1992, 3: 395 – 417.

[26] Chen P Y. Clay minerals distribution in the sea-bottom sediments neighboring Taiwan Island and northern South China Sea [J]. Acta Oceanogr, Taiwan, 1973, 3: 25 – 64.

[27] Chen W-S, Yang C-C, Yang H-C, et al. Geomorphic characteristics of the mountainvalley in the subsidence environment of the Taipei Basin, Lanyang Plain and Pingtung Plain[J]. Bull. Cent. eol. Surv, 2004, 17: 79 – 106.

[28] Chern C S, Wang J. The influence of Taiwan Strait waters on the circulation of the southern East China Sea[J]. La Mer, 1992, 30: 223 – 228.

[29] Chester R, Hughes M J. A chemical technique for the separation of ferromanganese minerals, carbonate minerals and adsorbed trace elements for pelagic sediments[J]. Chem. Geol, 1967, 2: 249 – 262.

[30] Cho Y-G, Lee C B, Choi M S. Geochemistry of surface sediments off the southern and western coasts of Korea[J]. Mar. Geol, 1999, 159: 111 – 129.

[31] Chuang W S, Li H W, Tang T Y, et al. Observations of the counter current on the inshore side of the Kuroshio northeast of Taiwan[J]. J. Oceanogr, 1993, 49: 581 – 592.

[32] Chung Y, Chang W C. Pb-210 fluxes and sedimentation rates on the lower continental slope between Taiwan and South Okinawa Trough[J]. Cont. Shelf. Res, 1995, 15: 149 – 164.

[33] Chung Y, Huang G W. Particulate fluxes and transports on the slope between the southern East China Sea and the South Okinawa Trough[J]. Cont. Shelf. Res, 2000, 20: 571 – 597.

[34] Clark P U, Dyke A S, Shakun J D. The Last Glacial Maximum[J]. Science, 2009, 325: 710. doi: 10. 1126/science. 1172873.

[35] Cullers R L, Barrett T, Carlson T, et al. Rare earth element and mineralogic changes in Holocene soil and stream sediment: a case study in the Wet Mountains, Colorado, U. S. A. [J]. Chem. Geol, 1987, 63:

275 – 297.

[36] Cullers R L. The geochemistry of shales, silt stones and sandstones of Pennsylvanian-Permian age, Colorado, USA: implications for provenance and metamorphic studies[J]. Lithos, 2000, 51：181 – 203.

[37] DeMaster D J, McKee B A, Nittrouer C A, et al. Rates of sediment accumulation and particle reworking based on radiochemical measurements from continental shelf deposits in the East China Sea[J]. Cont. Shelf Res, 1985, 4：143 – 158.

[38] Depaolo D J, Ingram B L. High-resolution stratigraphy with strontium isotopes[J]. Science, 1985, 227：939.

[39] Diekmann B, Hofmann J, Henrich R, et al. Detrital sediment supply in the southern Okinawa Trough and its relation to sea-level and Kuroshio dynamics during the late Quaternary[J]. Mar. Geol, 2008, 255：83 – 95.

[40] Dorsey R J, Buchovecky E C, Lundberg N. Clay mineralogy of Pliocene-Pleistocene mudstones, eastern Taiwan: combined effects of burial diagenesis and provenance unroofing[J]. Geology, 1988, 16：944 – 947.

[41] Dubrulle C, Lesueur P, Boust D. Source discrimination of fine-grained deposits occurring on marinebeaches: The Calvados beaches (eastern Bay of the Seine, France)[J]. Estuar. Coast Shelf. S, 2007, 72：138 – 154.

[42] Ducloux J, Meunier A, Velde B. Smectite, chlorite and a regular interlayered chlorite- vermiculite in soils developed on a small serpentinite body, Massif Central, France[J]. Clay Miner, 1976, 11：121 – 135.

[43] Dymond J, Suess E, Lyle M. Barium in deep-sea sediments: a geochemical proxy for paleoproductivity[J]. Paleoceanography, 1992, 7：163 – 181.

[44] Elderfield E, Hawkensworth C J, Greaves M J, et al. Rare earth element geochemistry of oceanic ferromanganese nodules and associated sediments [J]. Geochimica et Cosmochimica Acta, 1981, 45：513 – 528.

[45] Elderfield H. The oceanic chemistry of the rare-earth elements[J]. Philos.

Trans. R. Soc. London, Ser. A, 1988, 325: 105 – 106.

[46] Emery K O, Niino H, Sullivan B. Post-pleistocene levels of the East China Sea. Late Cenozoic Glacial Ages[M]. New Haven: Yale University Press, 1971, 381 – 390.

[47] Fairbanks R G. A 17,000 year glacio-eustatic sea level record: influence of glacial melting rates on the Younger Dryas event and deep ocean circulation [J]. Nature, 1989, 342: 637 – 647.

[48] Faure G. Principles of Isotope Geology[M]. John Wiley and Sons, New York, 1986, 1 – 608.

[49] Fleming K, Johnston P, Zwartz D, et al. Refining the eustatic sea level curve since the Last Glacial Maximum using far and intermediate field sites [J]. Earth. Planet. Sc. Lett, 1998, 163: 327 – 342.

[50] Fontugne M R, Duplessy J C. Variation in the monsoon regime during the upper Quaternary: evidence from carbon isotopic record of organic matter in north Indian Ocean sediment cores [J]. Palaeogeogr, Palaeoclimatol, Palaeoecol, 1986, 56: 69 – 88.

[51] Francois R. A study on the regulation of the concentrations of some trace metals (Rb, Sr Zn, Pb, Cu, V, Cr, Ni, Mn and Mo) in Sannich Inlet sediments, British Columbia, Canda[J]. Mar. Geol, 1988, 83: 285 – 308.

[52] Frank M. Radiogenic isotopesI: Tracers of past ocean circulation and erosion input[J]. Rev of Geophysics, 2002, 40: 1 – 38.

[53] Fukusawa H. Non-glacial varved lake sediments as a natural timekeeper and detector of environmental changes[J]. The Quaternary Research of Japan, 1995, 34: 135 – 149.

[54] Goldstein S L, ONions R K, Hamilton P J. A Sm-Nd isotopic study of atmospheric dusts and particulates from major river systems[J]. Earth Planet Sci Lett, 1984, 70: 221 – 236.

[55] Gorbarenko S A, Chekhovskaya M P, Southon J R. Detailed environmental

changes in the Okhotsk Sea central part during the last glaciation-Holocene [J]. Oceanology, 1998, 38: 305 – 308.

[56] Gorbarenko S A, Nurnberg D, Derkachev A N, et al. Magnetostratigraphy and tephrochronology of the Upper quarternary sediments in the Okhotsk Sea: implication of terrigenous, volcanogenic and bilgenic matter supply[J]. Mar. Geol, 2002, 183: 107 – 129.

[57] Gorbarenko S A. Stable isotope and lithologic evidence of late-glacial and Holocene oceanography of the north-western Pacific and its marginal seas [J]. Quaternary Res, 1996, 46: 230 – 250.

[58] Graham I J, Glasby G P, Churchman G J. Provenance of the detrital component of deep-sea sediments from the SW Pacific Ocean based on mineralogy, geochemistry and Sr isotopic composition[J]. Mar. Geol, 1997, 140: 75 – 96.

[59] Griffi J J. The distribution of clay minerals of Pacific Ocean[J]. Deep-Sea Res, 1968, 15: 433 – 459.

[60] Gromet L P, Silver S T. Rare earth element distributions among minerals in a granodiorite and their petrogenetic implications[J]. Geochim. Cosmochim. Acta, 1983, 47: 925 – 939.

[61] Grousset F E, Parra M, Bory A, et al. Saharan wind regimes traced by the Sr – Nd isotopic composition of subtropical Atlantic sediments: last glacial maximum vs. today[J]. Q. Sci. Rev, 1998, 17: 395 – 409.

[62] Guan B X. Patterns and structures of the currents in Bohai, Huanghai and East China Seas[M]//Oceanol. China Seas, Vol. 1 D. Zhou, Y. -B. Liang, J. Wang, and C. S. Chern, (eds). Dordrecht: Kluwer Academic Publishers, 1994, 17 – 26.

[63] Halbach P. Geology and mineralogy of massive sulfide ores from the central Okinawa Trough, Japan[J]. Economic Geol, 1993, 88: 2210 – 2225.

[64] Hall G E M, Vaive J E, Beer R, et al. Selective leaches revisited, with

emphasis on the amorphous Fe xyhydroxide phase extraction[J]. J. Geochem. Explor, 1996, 56: 59 - 78.

[65] Hamasaki S. Volcanic-related alteration and geochemistry of Iwodake volcano, Satsuma Iwojima, Kyushu, SW Japan[J]. Earth Planet. Spa, 2002, 54: 217 - 229.

[66] Hannigan R E, Sholkovitz E R. The development of middle rare earth element enrichments in freshwaters: weathering of phosphate minerals[J]. Chem. Geol, 2001, 175: 495 - 508.

[67] Haskin L A, Haskin M A, Frey F A, et al. Relative and absolute terrestrial abundances of the rare earths[J] Ahrens L H, ed. Origin and Distribution of Elements. 1968, 889 - 910.

[68] Haskin L A. Rare earth elements in sediments[J]. J Geophys Res, 1966, 71: 6091 - 6105.

[69] Herguera J C, Berger W. Paleoproductivity from benthic foraminifera abundance: glacial to postglacial change in the west equatorial Pacific[J]. Geology, 1991, 19: 1173 - 1176.

[70] Ho C S. An introduction to the geology of Taiwan[J]. Explanatory text of the geologic map of Taiwan, 1988, 1 - 192.

[71] Holser W T. Evaluation of the application of rare-earth elements to paleoceanography[J]. Palaeogeogr. Palaeoclimatol. Palaeoecol, 1997, 132: 309 - 323.

[72] Holtzapffel T. Les Minéraux Argileux: Préparation, Analyse Diffractométrique et Determination[J]. Soc Géol Nord Publ 12, Paris, 1985, 1 - 136.

[73] Honda M, Kusakabe M, Nakabayashi S. Radiocarbon of sediment trap samples from the Okinawa Trough: lateral transport of ^{14}C-poor sediment from the continental slope[J]. Mar. Chem, 2000, 68: 231 - 247.

[74] Hong E, Chen I S. Echo characters and sedimentary processes along a rifting continental margin, northeast of Taiwan[J]. Cont. Shelf Res, 2000, 20:

599 – 617.

[75] Hori K，SaitoY，Zhao Q H. Sedimentary facies and Holocene progradation rates of the Changjiang Yangtze/delta，China[J]. Geomorphology，2001，41：233 – 248.

[76] Hoshika A，Tanimoto T，Mishima Y，et al. Variation of turbidity and particle transport in the bottom layer of the East China Sea[J]. Deep-sea Res Ⅱ，2003，50：443 – 455.

[77] Hsu S C，Lin F J，Jeng W L，et al. Observed sediment fluxes of the southwesternmost Okinawa Trough enhanced by episodic events：flood runoff from northeastern Taiwan river and great earthquakes[J]. Deep-Sea Res (I)，2004，51：979 – 997.

[78] Hsu S-C，Lin F-J，Jeng W-L，et al. The effect of a cyclonic eddy on the distribution of lithogenic particles in the southern East China Sea[J]. J. Mar. Res，1998，56：813 – 832.

[79] Hsueh Y，Schultz J R，Holland W R. The Kuroshio flow-through in the East China Sea：A numerical model. Prog. Oceanogr，1997，39：79 – 108.

[80] Hsueh Y，Wang J，Chern C. The intrusion of the Kuroshio across the continental shelf northeast of Taiwan[J]. J. Geophys Res，1992，97：14323 – 14330.

[81] Huh C A，Su C C，Liang W T，et al. Linkages between turbidites in the southern Okinawa Trough and submarine earthquakes[J]. Geophysical Research Letters，2004，31(L12304). doi：10. 1029/2004GL019731.

[82] Hung J J，Lin C S，Hung G-W，et al. Lateral transport of lithogenic particles from the continental margin of the southern East China Sea[J]. Estuarine，Coastal Shelf Sci，1999，49：483 – 499.

[83] Ijiri A，Wang L，Oba T，et al. Paleoenvironmental changes in the northern area of the East China Sea during the past 42,000 years[J]. Palaeogeogr. Palaeoclimatol. Palaeoecol，2005，219：239 – 261.

[84] Irino T, Tada R. High-resolution reconstruction of variation in Aeolian dust (Kosa) deposition at ODP Site 797, the Japan Sea, during the last 200 ka [J]. Global. Planet. Change, 2002, 35: 143 - 156.

[85] Iseki K, Okamura K, Kiyomoto Y. Seasonality and composition of downward particulate fluxes at the continental shelf and Okinawa Trough in the East China Sea[J]. Deep-Sea Res (II), 2003, 50: 457 - 473.

[86] Iseki K, Okamura K, Tsuchiya Y. Seasonal variability in particle distributions and fluxes in the East China Sea [A]. Japan National Committee for the IGBP ed. Global Fluxes of Carbon and Its Related Substances in the Coastal Sea-Ocean Atmosphere System[C]. Proceeding of the 1994 Sapporo IGBP Symposium, 1994, 189 - 197.

[87] Ishiga H, Nakamuta T, Sampei Y, et al. Geochemical record of the Holocene Jomon transgression and human activity in coastal lagoon sediments of the San'in district, SW Japan[J]. Global. Planet. Change, 2000, 25: 223 - 237.

[88] Jain M, Andon S K. Quaternary alluvial stratigraphy and palaeoclimatic reconstruction at the Thar margin [J]. Curr. Sci. India, 2003, 84: 1048 - 1055.

[89] Jeandel C. Concentration and isotopic composition of Nd in the South Atlantic Ocean[J]. Earth Planet. Sci. Lett, 1993, 117: 581 - 591.

[90] Jeng W L, Huh C A. A comparison of sedimentary aliphatic hydrocarbon distribution between the southern Okinawa Trough and a nearby river with high sediment discharge [J]. Estuarine, Coastal Shelf Sci, 2006, 66: 217 - 224.

[91] Jeng W L, Lin S, Kao S J. Distribution of terrigenous lipids in marine sediments off northeastern Taiwan[J]. Deep-Sea Res, Part II, 2003, 50: 1179 - 1201.

[92] Jennerjahn T C, Liebeziet G, Kempe S. Particle flux in the northern South China Sea[M]//Jin, X, et al. (Ed.), Marine Geology and Geophysics of the

South China Sea. China Ocean Press, Beijing, 1992.

[93] Jian Z M, Wang P X, Saito Y, et al. Holocene variability of the Kuroshio Current in the Okinawa Trough, northwestern Pacific Ocean[J]. Earth. Planet. Science Lett, 2000, 184: 305 – 319.

[94] Kao S J, Dai M H, Wei K Y. Enhanced supply of fossil organic carbon to the Okinawa Trough since the last deglaciation[J]. Paleoceanography, 2008, 23, PA2207, doi: 10. 1029/2007PA001440.

[95] Kao S J, Liu K K. Estimating the suspended sediment load by using the historical hydmmetrie record from the Lanyang-hsi watershed[J]. Terr. Atmos. Ocean. Sci, 2000, 12: 401 – 414.

[96] Katayama H, Watanabe Y. The Huanghe and Changjiang contribution to seasonal variability in terrigenous particulate load to the Okinawa Trough [J]. Deep-Sea Res(II), 2003, 50: 475 – 485.

[97] Kessarkar P M, Rao V P. Ahmad S M. Clay minerals and Sr – Nd isotopes of the sediments along the western margin of India and their implication for sediment provenance[J]. Mar. Geol, 2003, 202: 55 – 69.

[98] Kim G, Yang H-S, Church T M. Geochemistry of Alkaline earth elements (Mg, Ca, Sr, Ba) in the surface sediments of the Yellow Sea[J]. Cont Shelf Res, 1998, 18: 1531 – 1542.

[99] Kitagawa H, Fukusawa H, Nakamura T. AMS ^{14}C dating of varved sediments from Lake Suigetsu, central Japan and atmospheric ^{14}C change during the late Pleistocene[J]. Radiocarbon, 1995, 37: 371 – 378.

[100] Lambeck K, Chappell J. Sea level change through the Last Glacial cycle [J]. Science, 2001, 292: 679 – 686.

[101] Lambeck K, Yokoyama Y. Purcell, A et al. Into and out of Last Glacial Maximum: sea-level change during the Oxygen Isotope Stage 3 and 2[J]. Quaternary. Sci. Rev, 2002, 21: 343 – 360.

[102] Lee S-Y, Huh C-A, Su C-C, et al. Sedimentation in the southern Okinawa

Trough: enhanced particle scavenging and teleconnection between the equatorial Pacific and western Pacific margins[J]. Deep-Sea Res, Part I, 2004, 51: 1769 - 1780.

[103] Li B H, Jian Z M, Wang P X. Pulleniatina obliquiloculata as a paleoceanographic indicator in the southern Okinawa Trough during the last 20, 000 years[J]. Mar. Micropaleontol, 1997, 32: 59 - 69.

[104] Li T G, Liu Z X, Hall M A, et al. Heinrich event imprints in the Okinawa Trough: evidence from oxygen isotope and planktonic foraminifera[J]. Palaeogeogr. Palaeoclimatol. Palaeoecol, 2001, 176: 133 - 146.

[105] Li T G, Xiang R, Sun R T, et al. Benthic foraminifera and bottom water evolution in the middle-southern Okinawa Trough during the last 18 ka[J]. Sci. in China (Ser. B-Earth Sci.) 2005, 48: 805 - 814.

[106] Li T G, Zhao J T, Sun R T, et al. The variation of upper ocean structure and paleoproductivity in the Kuroshio source region during the last 200 kyr [J]. Mar. Micropaleontol, 2010, in press.

[107] Lie H-J, Cho C-H. Recent advances in understanding the circulation and hydrography of the East China Sea[J]. Fish. Oceanogr, 2002, 11: 6, 318 - 328.

[108] Lin F J, Chen J C. Textural and mineralogical studies of sediments from the southern Okinawa Trough[J]. Acta Oceanogr, Taiwan, 1983, 14: 26 - 41.

[109] Liu C Q, Akimasa M, Akihiko O, et al. Isotope geochemistry of Quaternary deposits from the arid land in north China[J]. Earth. Planet. Sci. Lett, 1994, 127: 25 - 38.

[110] Liu J P, Li A C, Xu K H, et al. Sedimentary features of the Yangtze River-derived along-shelf clinoform deposit in the East China Sea[J]. Cont Shelf Res, 2006, 26: 2141 - 2156.

[111] Liu J P, Milliman J D, Gao S, et al. Holocene development of the Yellow

River's subaqueous delta, North Yellow Sea[J]. Mar. Geol, 2004b, 209: 45 – 67.

[112] Liu J P, Xu K H, Li A C, et al. Flux and fate of Yangtze River sediment delivered to the East China Sea[J]. Geomorphology, 2007, 85: 208 – 224.

[113] Liu Y G, Meng X W, Fu Y X. REE and Sr – Nd isotope characteristics of hydrothermal chimney at Jade area in the Okinawa Trough[J]. Acta Oceanologica Sinica, 2004, 23: 287 – 296.

[114] Liu Z F, Trentesaux A, Clemens S C, et al. Clay mineral assemblages in the northern South China Sea: implications for East Asian monsoon evolution over the past 2 million years[J]. Mar Geol, 2003, 201: 133 – 146.

[115] Liu Z X, Berné S, Saito Y, et al. Quaternary seismic stratigraphy and paleoenvironments on the continental shelf of the East China Sea[J]. J. Asian Earth Sci, 2000, 18: 441 – 452.

[116] Machida H. The stratigraphy, chronology and distribution of distal marker-tephras in and around Japan[J]. Global. Planet. Change, 1999, 21: 71 – 79.

[117] Mahoney J B. Nd and Sr isotopic signatures of fine-grained clastic sediments: A case study of western Pacific marginal basins[J]. Sedi. Geol, 2005, 182: 183 – 199.

[118] Martin J H, Fitzwater S E. Iron deficiency limits phytoplankton growth in the north-east Pacific subarctic[J]. Nature, 1988, 331: 341 – 343.

[119] Mclennan S M, Hemming S, et al. Geochemical approaches to sedimentation, provenance and tectonics[J]. Geochim. Comichim Ac, 1993, 44: 1833 – 1839.

[120] McLennan S M, Hemming S. Samarium/neodymium elemental and isotopic systematics in sedimentary rocks[J]. Geochim. Cosmochim. Ac, 1992, 56: 887 – 898.

[121] McLennan S M. Rare earth elements in sedimentary rocks: influence of

provenance and sedimentary processes[J]. Rev. in Mineralo, 1989, 21: 169 - 200.

[122] Meyers P A. Organic geochemical proxies of paleoceanographic, paleoimnologic, and paleoclimatic processes[J]. Org. Geochem, 1997, 27: 213 - 251.

[123] Milliman J D, Meade R H. World-wide delivery of river sediment to the oceans[J]. J. Geol, 1983, 91: 1 - 21.

[124] Milliman J D, Shen H T, Yang Z S, et al. Transport and deposition of river sediment in the Changjiang estury and adjacent continental shelf[J]. Cont. Shelf Res, 1985, 4: 37 - 45.

[125] Miyairi Y, Yoshida K, Miyazaki Y, et al. Improved ^{14}C dating of a tephra layer (AT tephra, Japan) using AMS on selected organic fractions[J]. Nucl. Instru. Meth. B, 2004, 223 - 224: 555 - 559.

[126] Morley J J, Heusser L E. Role of orbital forcing in east Asian monsoon climates during the last 350 kyr: evidence from terrestrial and marine climate proxies from core RC14-99[J]. Paleoceanogr, 1997, 12: 483 - 493.

[127] Müller P J, Suess E. Productivity, sedimentation rate, and sedimentary organic matter in the oceans - I. Organic carbon preservation[J]. Deep-Sea Res, 1979, 26A: 1347 - 1362.

[128] Murray R W, Marily R, Buchholtzten B, et al. Rare earth element s as indicators of different marine depositional environments in chert and shale [J]. Geology, 1990, 18: 268 - 271.

[129] Nagashima K, Tada R, Matsui H, et al. Orbital- and millennial-scale variations in Asian dust transport path to the Japan Sea[J]. Palaeogeogra, Palaeoclimatol, Palaeoecol, 2007, 247: 144 - 161.

[130] Nechaev V P, Isphording W C. Heavy mineral assemblages of continental margins as indicators of plate-tectonic environments [J]. J. of Sedi. Petrology, 1993, 63: 1110 - 1117.

[131]　Nesbitt H W, Markovics G, Price R C. Chemical processes affecting alkalis and alkaline earths during continental weathering[J]. Geochim Cosmochim Ac, 1980, 44: 1659 – 1666.

[132]　Nesbitt H W, Young G M, Early Proterozoic climates and plate motions inferred from major element chemistry of lutites[J]. Nature, 1982, 299: 715 – 717.

[133]　Nesbitt H W, Young G M. Formation and diagenesis of weathering profiles [J]. J Geol, 1989, 97: 129 – 147.

[134]　Oguri K, Matsumoto E, Yamada M, et al. Sediment accumulation rates and budgets of deposing particles of the East China Sea[J]. Deep Sea Res, 2003, 50: 513 – 528.

[135]　Ottesen R T, Bogen J, Boliviken B, et al. Overbank Sediments: A representative sample medium for regional geochemical mapping[J]. J Geochem Explor, 1989, 32: 257 – 277.

[136]　Palmer M R, Elderfield H. The Sr isotopic composition of seawater over the past 75 million years[J]. Nature, 1985a, 314: 526 – 528.

[137]　Parra M, Faugeres J-C, Grousset F E, et al. Sr – Nd isotopes as tracers of fine-grained detrital sediments: the Sout-Barbados accretionary prism during the last 150 kyr[J]. Mar. Geol, 1997, 136: 225 – 243.

[138]　Petschick R, Kuhn G, Gingele F. Clay mineral distribution in surface sediments of the South Atlantic: sources, transport, and relation to oceanography[J]. Mar Geol, 1996, 130: 203 – 229.

[139]　Piepgras D J, Wasserburg G J. Neodymium isotopic variations in seawater. Earth Planet[J]. Sci. Lett, 1980, 50: 128 – 138.

[140]　Piotrowski A W, Goldstein S L, Hemming S R, et al. Intensification and variability of ocean thermohaline circulation through the last deglaciation. Earth Planet[J]. Sci. Lett, 2004, 225: 205 – 220.

[141]　Piper D Z. Rare earth elements in the sedimentary cycle: A summary[J].

Chem. Geol, 1974a, 14: 285 – 304.

[142] Rea D K. Aspects of atmospheric circulation: the Late Pleistocene (0—950,000 yr) record of eolian deposition in the Pacific Ocean [J]. Palaeogeogr, Palaeoclimatol, Palaeoecol, 1990, 78: 217 – 227.

[143] Revel M, Cremer M, Grousset F E, et al. Grain-size and Sr – Nd isotopes as tracer of paleo-bottom current strength, Northeast Atlantic Ocean[J]. Mar. Geol, 1996, 131: 233 – 249.

[144] Rhlemann C, Mulitza S, Muller P J, et al. Warming of the tropical Atlantic Ocean and shut down of themohaline circulation during the last deglaciation[J]. Nature, 1999, 402: 511 – 514.

[145] Rollinson H R. Using geochemical data: evaluation, presentation, interpretation[M]. New York: Longman Csientific, Technical, 1993, 352.

[146] Saito Y, Katayama H, Ikehara K, et al. Transgressive and highstand systems tracts and post-glacial transgression, the East China Sea[J]. Sedi. Geol, 1998, 122: 217 – 232.

[147] Shaw T J, Gieskes J M, Jahnke R A. Early diagenesis in differing depositional environments: The response of transition metals in pore water [J]. Goochim Cosmochim Ac, 1990, 54: 1233 – 1246.

[148] Sheu D D, Jou W C, Chung Y C, et al. Geochemical and carbon isotopic characterization of particles collected in sediment traps from the East China Sea continental slope and the Okinawa Trough northeast of Taiwan[J]. Conti. Shelf. Res, 1999, 19: 183 – 203.

[149] Shinjo R, Kato Y. Geochemical constraints on the origin of bimedal magmatism at the Okinawa Trough, an incipient back — arc basin[J]. Lithos, 2000, 54: 117 – 137.

[150] Shinjo R. Geochemistry of high Mg andesites and the tectonic evolution of the Okinawa Trough — Ryukyu arc system[J]. Che. Geol, 1999, 157: 69 – 88.

[151] Sibuet J C, Deffontaines B, Hsu S K, et al. Okinawa Trough backarc basin: early tectonic and magmatic evolution[J]. J. Geophys. Res, 1998, 103: 30245 – 30267.

[152] Singer A, Stoffers P. Clay-mineral diagenesis in two East African lakes sediment[J]. Clay Miner, 1980, 15: 291 – 307.

[153] Singer A. The paleoclimatic interpretation of clay minerals in sediments — a review[J]. Earth-Sci. Rev, 1984, 21: 251 – 293.

[154] Sionneau T, Bout-Roumazeilles V, Biscaye P E. Clay mineral distributions in and around the Mississippi River watershed and Northern Gulf of Mexico: sources and transport patterns[J]. Quat. Sci. Rev, 2008, 27: 1740 – 1751.

[155] Song G S, Chang Y C. Comment on "naming of the submarine canyons off northeastern Taiwan: a note" by Ho-Shing Yu (1992)[J]. Acta Oceanogr. Taiwanica, 1993, 30: 77 – 84.

[156] Song Y-H, Choi M S. REE geochemistry of fine-grained sediments from major rivers around the Yellow Sea [J]. Chem. Geol, 2009, 266: 328 – 342.

[157] Srivastava P, Parkash B, Pal D K. Clay minerals in soils as evidence of Holocene climatic change, central Indo-Gangetic Plains, north-central India [J]. Quaternary Res, 1998, 50: 230 – 239.

[158] Stax R, Stein R. Long-term changes in the accumulation of organic carbon in Neogene sediments, Ontong Java Plateau[C]//Proc. ODP Sci. Res, 1993, 573 – 579.

[159] Steinke S, Hanebuth T J J, Vogt C. Sea level induced variations in clay mineral composition in the southwestern South China Sea over the past 17,000 yr[J]. Mar. Geol, 2008, 250: 199 – 210.

[160] Stuiver M, Grootes P M, Braziunas T F. The GISP2 Delta δ^{18}O climate record of the past 16,500 years and the role of the sun, ocean, and

volcanoes[J]. Quat. Res, 1995, 44: 341 – 354.

[161] Tachikawa K, Jeandel C, Roy-Barman M. A new approach to the Nd residence time in the ocean: the role of tmospheric inputs[J]. Earth Planet. Sci. Lett, 1999, 170, 433 – 446.

[162] Tang T Y, Hsueh Y, Yang Y J, et al. Continental slope flow northeast of Taiwan[J]. Jour. Physical Oceanogr, 1999, 29: 1353 – 1362.

[163] Taylor S R, McLennan S M. The Continental Crust: Its Composition and Evolution[M]. Melbourne: BBlackwell, 1985, 28 – 29.

[164] Tessier A, Campbell P G C, Bisson M. Sequential extraction procedure for the speciation of particulate trace metals[J]. Anal. Chem, 1979, 51: 845 – 851.

[165] Thiry M. Palaeoclimatic interpretation of clay minerals in marine deposits: an outlook from the continental origin[J]. Earth-Sci. Rev, 2000, 49: 201 – 221.

[166] Ujiie H, Hatakeyama Y, Gu X X. Upward decrease of organic C/N ratios in the Okinawa Trough cores: proxy for tracing the post-glacial retreat of the continental shore line[J]. Palaeogeogr, Palaeoclimatol, Palaeoecol, 2001, 165: 129 – 140.

[167] Ujiié H, Tanaka Y, Ono T. Late Quaternary paleoceanographic record from the middle Ryukyu Trench slope, northwest Pacific[J]. Mar. Micropaleontol, 1991, 18: 115 – 128.

[168] Ujiié H, Ujiié Y. Late Quaternary course changes of the Kuroshio Current in the Ryukyu Arc region, northwestern Pacific Ocean[J]. Mar. Micropaleontol, 1999, 37: 23 – 40.

[169] Ujiié Y, Ujjié H, Taira A, et al. Spatial and temporal variability of surface water in the Kuroshio source region, Pacific Ocean, over the past 21, 000 years: evidence from planktonic foraminifera[J]. Mar. Micropaleontol, 2003, 49: 335 – 364.

[170] VanLaningham S, Duncan R A, Pisias N G. Tracking fluvial response to climate change in the Pacific Northwest: a combined provenance approach using Ar and Nd isotopic systems on fine-grained sediments[J]. Quat. Sci. Rev, 2008, 27: 497 – 517.

[171] Viscosi-Shirleya C, Mammoneb K, Pisias N. Clay mineralogy and multi-element chemistry of surface sediments on the Siberian-Arctic shelf: implications for sediment provenance and grain size sorting[J]. Cont. Shelf Res, 2003, 23: 1175 – 1200.

[172] Vital H, Stategger K, Garbe C-D et al. Composition and trace element geochemistry of detrital clay and heavy mineral suites of the lowermost Amazon River: a provenance study[J]. Journal of Sedi. Res, 1999, 69: 563 – 575.

[173] Wahyudi M M. Response of benthic foraminifera to organic carbon accumulation rates in the Okinawa Trough[J]. J. Oceanogra, 1997, 53: 411 – 420.

[174] Walter H J, Hegner E, Diekmann B, et al. Provenance and transport of terrigenous sediment in the South Atlantic Ocean and their relations to glacial and interglacial cycles: Nd and Sr isotopic evidence[J]. Geochim. Cosmochim. Acta, 2000, 64: 3813 – 3827.

[175] Wang P. Response of Western Pacific marginal seas to glacial cycles: Paleoceanographic and sedimentological features[J]. Ma. Geol, 1999, 156: 5 – 39.

[176] Wang Y J, Cheng H, Edwards R L, et al. A high-resolution absolute-dated late Pleistocene monsoon record from Hulu Cave, China[J]. Science, 2001, 294: 2345 – 2348.

[177] Wang Y, Cheng H, Edwards R L, et al. Millennial- and orbital-scale changes in the East Asian monsoon over the past 224, 000 years[J]. Nature, 2008, 451: 1090 – 1093.

[178] Wei K Y. Leg 195 synthesis: site 1202 — Late Quaternary sedimentation and paleoceanography in the southern Okinawa Trough. [C]//Proc. ODP: Sci. Results, 2006, 195: 1 - 31.

[179] Wei K-Y, Chen Y-G, Chen W-S, et al. Climate change as the dominant control of the last glacial-Holocene δ13C variations of sedimentary organic carbon in the Lan-Yang Plain, northwestern Taiwan[J]. West. Pac. Earth Sci, 2003a, 3: 57 - 68.

[180] Wei K-Y, Mii H, Huang C-Y. Age model and oxygen isotope stratigraphy of Site ODP 1202 in the southern Okinawa Trough, northwestern Pacific [J]. Terr. Atmos. Oceanic Sci, 2005, 16: 1 - 17.

[181] Winn K, Zheng L, Erlenkeuser H, et al. Oxygen/carbon isotopes and paleoproductivity in the South China Sea during the past 110,000 years [M]. Jin X, Kudrass H R, Pautot G, eds. Marine Geology and Geophysics of the South China Sea. Beijing: China Ocean Press, 1992.

[182] Xiang R, Sun Y, Li T, et al. Paleoenvironmental change in the middle Okinawa Trough since the last deglaciation: Evidence from the sedimentation rate and planktonic foraminiferal record[J]. Palaeogeogr, Palaeoclimatol, Palaeoecol, 2007, 243: 378 - 393.

[183] Xiang R, Yang Z S, Saito Y, et al. Paleoenvironmental changes during the last 8,400 years in the southern Yellow Sea: Benthic foraminiferal and stable isotopic evidence[J]. Mar. Micropaleontol, 2008, 67: 104 - 119.

[184] Xiao S B, Li A C, Jiang F Q, et al. The History of the Yangtze River Entering Sea since the Last Glacial Maximum: a Review and Look Forward [J]. J. Coastal, 2004, 20: 599 - 604.

[185] Xu D Y. Mud sedimentation on the East China Sea shelf[C]//Proceedings of International Symposium on Sedimentation on the Continental Shelf with Special Reference to the East China Sea. China Ocean Press, Hangzhou, 1983, 506 - 516.

[186] Xu X, Oda M. Surface-water evolution of the eastern East China Sea during the last 36, 000 years[J]. Mar. Geol, 1999, 156: 285 – 304.

[187] Yanagi T A, Morimoto K. Ichikawa. Seasonal variation in surface circulation of the East China Sea and the Yellow Sea derived from satellite altimetric data[J]. Cont. Shelf Res, 1997, 17: 655 – 664.

[188] Yancheva G, Nowaczyk N, Mingram J, et al. Influence of the intertropical convergence zone on the East Asian monsoon[J]. Nature, 2007, 445: 74 – 77.

[189] Yang S Y, Jung H S, Choi M S, et al. The rare earth element compositions of the Changjiang (Yangtze) and Huanghe (Yellow) river sediments[J]. Earth. Planet. Sci. Lett, 2002, 201: 407 – 419.

[190] Yang S Y, Jung H S, Li C X. Two unique weathering regimes in the Changjiang and Huanghe drainage basins: geochemical evidence from river sediments[J]. Sedi. Geol, 2004a, 164: 19 – 34.

[191] Yang S Y, Jung H S, Lim D I, et al. A review on the provenance discrimination of sediments in the Yellow Sea[J]. Earth-Sci. Rev, 2003, 63: 93 – 120.

[192] Yang S Y, Lima D I, Jung H S. Geochemical composition and provenance discrimination of coastal sediments around Cheju Island in the southeastern Yellow Sea[J]. Mar. Geol, 2004b, 206: 41 – 53.

[193] Yang S Y, Yim W W-S, Huang G Q. Geochemical composition of inner shelf Quaternary sediments in the northern South China Sea with implications for provenance discrimination and paleoenvironmental reconstruction[J]. Global. Planet. Change, 2008, 60: 207 – 221.

[194] Yemane K, Kahr G, Kelts K. Imprints of post-glacial climates and palaeogeography in the detrital clay mineral assemblages of an Upper Permian fluviolacustrine Gondwana deposit from northern Malawi[J]. Palaeogeogr, Palaeoclimatol, Palaeoecol, 1996, 125: 27 – 49.

[195] Yokoyama Y, De Deckker P, Lambeck K, et al. Sea level at the Last Glacial Maximum: evidence from northwestern Australia to const rain ice volumes for oxygen isotope stage 2[J]. Palaeogeogr, Palaeoclimatol, Palaeoecol, 2001, 165: 281 - 297.

[196] Yoo D G, Lee C W, Kim S P, et al. Late Quaternary transgressive and highstand systems tracts in the northern East China Sea mid-shelf[J]. Mar. Geol, 2002, 187: 313 - 328.

[197] Yu H S, Hong E. The Huapinghsu Channel/Canyon System off Northeastern Taiwan: morphology, sediment character and origin[J]. TAO, 1993, 4: 307 - 319.

[198] Yu H S, Song G S. Sedimentary features of shelf north of Taiwan revealed by 3. 5 kHz echo character[J]. Acta Oceanogr, Taiwanica, 1996, 35: 105 - 114.

[199] Yu H, Liu Z, Berné S, et al. Variations in temperature and salinity of the surface water above the middle Okinawa Trough during the past 37 kyr[J]. Palaeogeogr, Palaeoclimatol, Palaeoecol, 2009, 281: 154 - 164.

[200] Yu H, Xiong Y Q, Liu Z X, et al. Evidence for the 8,200 a B. P. cooling event in the middle Okinawa Trough[J]. Geo-Marine Lett, 2008, 28: 131 - 136.

[201] Zeng Z G, Li J, Jiang F Q, et al. Sulfur isotope composition of modern seafloor hydrothermal sediment and its geological significance[J]. Acta Oceanologica Sinica, 2002, 21: 519 - 528.

[202] 蔡观强,郭锋,刘显太,等. 碎屑沉积物地球化学:物源属性、构造环境和影响因素[J]. 地球与环境, 2006,34(4): 75 - 83.

[203] 常凤鸣,庄丽华,李铁刚,等. 冲绳海槽北部表层沉积物中放射虫的分布与环境[J]. 海洋地质与第四纪地质, 2002,22(2): 21 - 25.

[204] 常凤鸣. 冲绳海槽晚更新世-全新世的古环境演化[D]. 青岛:中国科学院海洋研究所, 2004: 61 - 74.

[205] 陈静生,郑春光,高广生,等.中国东部主要河流中悬浮物及底泥的环境地球化学基本特征[J].地理科学,1986,6(4):323-331.

[206] 陈丽蓉,徐文强,申顺善.东海沉积物的矿物组合及其分布特征[J].科学通报,1979,24(15):709.

[207] 陈丽蓉.中国海沉积矿物学[M].北京:海洋出版社,2008:1-476.

[208] 陈荣华,孟翊,李保华.冲绳海槽南部两万年来碳酸盐溶跃面的变迁[J].海洋地质与第四纪地质,1999,19(1):25-30.

[209] 陈毓蔚,桂训唐,韦刚健,等.西南极长城湾NG93-1沉积柱样碳、氧、锶、铅同位素地球化学研究及其古环境意义[J].地球化学,1997,26(3):1-11.

[210] 邓文宏,钱凯.沉积地球化学与环境分析[M].兰州:甘肃出版社,1993,4-32.

[211] 丁培民,等.冲绳海槽地貌及沉积物研究[J].海洋地质专刊,1986:50-65.

[212] 董光荣,王贵勇,李孝泽,等.末次间冰期以来我国东部沙区的古季风变迁[J].中国科学(D辑),1996,26(5):437-444.

[213] 范德江,杨作升,毛登,等.长江与黄河沉积物中黏土矿物及地化成分的组成[J].海洋地质与第四纪地质,2001,21(4):8-13.

[214] 方习生,石学法,王国庆.长江水下三角洲表层沉积物黏土矿物分布及其影响因素[J].海洋科学进展,2007,25(4):419-427.

[215] 房殿勇,翦知湣,汪品先.南沙海区南部近30 ka来的古生产力记录[J].科学通报,1998,43(18):2005-2008.

[216] 冯应俊.东海四万年来海平面变化与最低海平面[J].东海海洋,1983,1(2):36-42.

[217] 傅命佐,刘乐军,郑彦鹏,等.琉球"沟-弧-盆系"构造地貌:地质地球物理探测与制图[J].科学通报,2004,49(14):1447-1460.

[218] 郭峰,杨作升,刘振夏.末次盛冰期以来冲绳海槽中段岩心中黏土粒级沉积物地球化学特征及物质来源的阶段性.海洋学报,2001,23(3):117-126.

[219] 郭峰.东海远端泥质区与冲绳海槽黏土的矿物地球化学比较研究[D].青岛:青岛海洋大学,2000.

[220] 郭正堂,刘东生,安芷生.渭南黄土沉积中十五万年来的古土壤及其形成时的古环境[J].第四纪研究,1994,3:256-269.

[221] 郭志刚,杨作升,胡敦欣,等.春季东海北部海域悬浮体的分布结构与沉积效应[J].海洋与湖沼,1997,28(增刊):66-72.

[222] 郭志刚,杨作升,雷坤,等.冲绳海槽中南部及其邻近陆架悬浮体的分布、组成和影响因子分析[J].海洋学报,2001,23(3):66-72.

[223] 何良彪,刘秦玉.黄河与长江沉积物黏土矿物的化学特征[J].科学通报,1997,42(7):730-734.

[224] 何起祥,等.中国海洋沉积地质学[M].北京:海洋出版社,2006.

[225] 黄朋,李安春,蒋恒毅.冲绳海槽北、中段火山岩地球化学特征及其地质意义[J].岩石学报,2006,22(6):1703-1711.

[226] 黄小慧,王汝建,翦知湣,等.全新世冲绳海槽北部表层海水温度和初级生产力对黑潮变迁的响应[J].地球科学进展,2009,24(6):652-661.

[227] 翦知湣,Saito Y,汪品先,等.黑潮主流轴近两万年来的位移[J].科学通报,1998,43(5):532-536.

[228] 蒋富清,孟庆勇,徐兆凯,等.冲绳海槽北部15 ka B.P.以来沉积物源及控制因素——稀土元素的证据[J].海洋与湖沼,2008,39(2):112-118.

[229] 蒋为为,刘少华,朱东英.东海冲绳海槽地质地球物理调查与研究现状[J].地球物理学进展,2001,16(4):71-84.

[230] 金秉福,林振宏,季福武.海洋沉积环境和物源的元素地球化学记录释读[J].海洋科学进展,2003,23(1):99-106.

[231] 金翔龙,喻普之.冲绳海槽的构造特征与演化[J].中国科学(B辑),1987(2):196-203.

[232] 李保华,李从先,沈焕庭.冰后期长江三角洲沉积通量的初步研究[J].中国科学(D辑),2002,32(9):776-782.

[233] 李传顺,江波,李安春,等.冲绳海槽西南端中全新世以来的速率与物源分析[J].科学通报,2009,54(9):1303-1310.

[234] 李从先,汪品先.长江晚第四纪河口地层学研究[M].北京:科学出版

社,1998.

[235] 李从先,张桂甲.末次冰期时存在入海的长江吗?[J]地理学报,1995,50(5):459-463.

[236] 李凡,张秀荣,李永植,等.南黄海埋藏古三角洲[J].地理学报,1998,53(3):238-244.

[237] 李凤业,史玉兰,何丽娟,等.冲绳海槽晚更新世以来沉积速率的变化与沉积环境的关系[J].海洋与湖沼,1999,30(5):540-545.

[238] 李广雪,刘勇,杨子庚,等.末次冰期东海陆架平原上的长江古河道[J].中国科学(D辑),2004,35(3):284-289.

[239] 李广雪,刘勇,杨子赓.中国东部陆架沉积环境对末次冰盛期以来海面阶段性上升的响应[J].海洋地质与第四纪地质,2009,29(4):13-19.

[240] 李国刚.中国近海表层沉积物中黏土矿物的组成、分布及其地质意义[J].海洋学报,1990,12(4):470-479.

[241] 李家彪.东海区域地质[M].北京:海洋出版社,2008.

[242] 李军,李凤业,周永青,等.晚第四纪冲绳海槽北段 $CaCO_3$ 含量的时空变化及其控制因素[J].海洋地质与第四纪地质,2004,24(2):15-22.

[243] 李军,赵京涛.冲绳海槽中部沉积物稀土元素地球化学特征及其在古环境变化研究的应用[J].自然科学进展,2009,19(12):1333-1342.

[244] 李军.冲绳海槽中部 A7 孔沉积物地球化学记录及其对古环境变化的响应[J].海洋地质与第四纪地质,2007,27(1):37-45.

[245] 李丽,王慧,罗布次仁,等.南海北部 4 万年以来有机碳和碳酸盐含量变化及古海洋学意义[J].海洋地质与第四纪地质,2008,28(6):79-85.

[246] 李乃胜.冲绳海槽断裂构造的研究[J].海洋与湖沼,1988,19(4):347-358.

[247] 李萍,李培英,张晓龙,等.冲绳海槽沉积物不同粒级的磁性特征及其与环境的关系[J].科学通报,2005,50(3):262-268.

[248] 李铁刚,常凤鸣.冲绳海槽古海洋学[M].北京:海洋出版社,2008,112-135.

[249] 李铁刚,刘振夏,Hall M A,等.冲绳海槽末次冰消期浮游有孔虫 $\delta^{13}C$ 的宽

幅低值事件[J].科学通报,2002,47(4):298-301.

[250] 李铁刚,孙荣涛,张德玉.晚第四纪对马暖流的演化和变动:浮游有孔虫和氧碳同位素证据[J].中国科学(D辑):地球科学,2007,37(5):660-669.

[251] 李铁刚,向荣,孙荣涛,等.冲绳海槽中南部18 ka以来的底栖有孔虫与底层水演化[J].中国科学(D辑),2004,34(2):163-170.

[252] 李巍然,杨作升,王琦.冲绳海槽陆源碎屑峡谷通道搬运与海底扇沉积[J].海洋与湖沼,2001,32(4):371-380.

[253] 李文心.南冲绳海槽MD012403岩芯碎屑沉积物——源区与古海洋变迁[D].台北:台湾大学地质科学研究所,2008.

[254] 林庚铃.台湾东北外海表层沉积物之构造、组织和黏土矿物[D].台北:台湾大学海洋研究所,1992.

[255] 刘保华,李西双,赵月霞,等.冲绳海槽西部陆坡碎屑沉积物的搬运方式:滑塌和重力流[J].海洋与湖沼,2005,36(1):1-9.

[256] 刘光华.黏土矿物特征与沉积环境关系的初步探讨[J].沉积学报,1987,5(1):48-55.

[257] 刘季花.东太平洋沉积物稀土元素和Nd同位素地球化学特征及其环境指示意义[D].青岛:中国科学院海洋研究所,2004.

[258] 刘娜,孟宪伟.冲绳海槽中段表层沉积物中稀土元素组成及其物源指示意义[J].海洋地质与第四纪地质,2004,24(4):37-43.

[259] 刘焱光,曹东林,张德玉.冲绳海槽北部的全新世火山碎屑沉积[J].海洋科学进展,2007,25(1):34-45.

[260] 刘焱光.近4万年来冲绳海槽物质来源的定量估计及其对气候变化的响应:[D].青岛:中国海洋大学,2005.

[261] 刘英俊,等.元素地球化学[M].北京:科学出版社,1984.

[262] 刘振夏,SAITO Y,李铁刚,等.冲绳海槽晚第四纪千年尺度的古海洋学研究[J].科学通报,1999,44(8):823-887.

[263] 刘振夏,李培英,刘铁刚,等.冲绳海槽5万年以来的古气候事件[J].科学通报,2000,45(16):1776-1781.

[264] 刘志飞,Colin C,Trentesaux A,等.南海南部晚第四纪东亚季风演化的黏土矿物记录[J].中国科学(D辑),地球科学,2004,34(3):272-279.

[265] 刘志飞,Trentesaux A,Clemens S C,等.南海北坡 ODP1146 站第四纪黏土矿物记录:洋流搬运与东亚季风演化[J].中国科学(D辑),2003,33(3):271-280.

[266] 孟宪伟,杜德文,陈志华,等.长江、黄河流域泛滥平原细粒沉积物^{87}Sr/^{86}Sr空间变异的制约因素及其物源示踪意义[J].地球化学,2000,29(6):562-569.

[267] 孟宪伟,杜德文,刘焱光,等.冲绳海槽近3.5万a来陆源物质沉积通量及其对气候变化的响应[J].海洋学报,2007,29(5):74-80.

[268] 孟宪伟,杜德文,刘振夏,等.东海近3.5万年来古海洋环境变化的分子生物标志物记录[J].中国科学(D辑),2001,31(8):691-696.

[269] 孟宪伟,杜德文,吴金龙,等.冲绳海槽火山岩 Sr、Nd 同位素地球化学及其地质意义[J].中国科学(D辑),1999,29(4):367-371.

[270] 孟宪伟,杜德文,吴金龙.冲绳海槽中段表层沉积物物质来源的定量分离:Sr-Nd 同位素方法[J].海洋与湖沼,2001,32(3):319-326.

[271] 孟宪伟,王永吉,吕成功.冲绳海槽中段沉积物地球化学分区及其物源指示意义[J].海洋地质与第四纪地质,1997,17(3):37-41.

[272] 南青云,李铁刚,陈金霞,等.南冲绳海槽 7 000 a BP 以来基于长链不饱和烯酮指标的古海洋生产力变化及其与气候的关系[J].第四纪研究,2008,28(3):482-490.

[273] 南青云.25 000aB.P.以来黑潮流域古环境演化对高频全球变化事件的响应[D].青岛:中国科学院海洋研究所,2008.

[274] 彭阜南,等.关于东海晚更新世最低海面的论据[J].中国科学(B辑),1984,(6):555-563.

[275] 秦蕴珊,赵一阳,陈丽蓉,等.东海地质[M].北京:科学出版社,1987.

[276] 秦蕴珊.冲绳海槽的火山沉积和浊流沉积[M]//苏纪兰,秦蕴珊.当代海洋科学学科前沿.北京:学苑出版社,2000.

[277] 秦蕴珊.中国陆架海的地形及沉积类型的初步研究[J].海洋与湖沼,1963, 5(1):71-86.

[278] 屈翠辉,郑建勋,杨韶晋,等.黄河、长江、珠江下游控制站悬浮物的化学成分 及其制约因素的研究[J].科学通报,1984,17:1063-1066.

[279] 饶文波,杨杰东,陈骏,等.中国干旱-半干旱区风尘物质的 Sr,Nd 同位素地 球化学:对黄土来源和季风演变的指示[J].科学通报,2006,51(4): 378-386.

[280] 邵磊,李献华,韦刚健,等.南海陆坡高速堆积体的物质来源[J].中国科学, 2001,31(10):828-833.

[281] 孙效功,方明,黄伟.黄、东海陆架区悬浮体输运的时空变化规律[J].海洋与 湖沼,2000,30(6):532-539.

[282] 汪品先.冰期时的中国海研究现状与问题[J].第四纪研究,1990,(2): 111-124.

[283] 王博士,赵泉鸿,翦知湣.南海南部中上新世以来沉积有机碳与古生产力变 化[J].海洋地质与第四纪地质,2005,25(2):73-79.

[284] 王国庆,石学法,李从先.长江三角洲晚第四纪沉积地质学研究述评[J].海 洋地质与第四纪地质,2006,26(6):131-137.

[285] 韦刚健,桂训堂,李献华,等.南沙 NS90-103 钻孔沉积物 Sr-Nd 同位素组 成及其气候环境信息探讨[J].中国科学(D辑),2000,30(3):249-255.

[286] 韦刚健,李献华,陈毓蔚,等.NS93-5 钻孔沉积物高分辨率过渡金属元素变 化及其古海洋记录[J].地球化学,2001,30(5):450-458.

[287] 吴明清,王贤觉.冲绳海槽沉积物的化学成分特征及其地质意义[J].海洋与 湖沼,1988,19(6):587-593.

[288] 吴明清.冲绳海槽沉积物和稀土和微量元素的某些地球化学特征[J].海洋 学报,1991,13(1):75-81.

[289] 吴明清.我国台湾浅滩海底沉积物稀土元素地球化学[J].地球化学,1983, 3:303-313.

[290] 吴永华,程振波,石学法.冲绳海槽北部 CSH1 岩芯地层与碳酸盐沉积特征

[J].海洋科学进展,2004,22(2):163-169.

[291] 夏东兴,刘振夏.末次冰期盛期长江入海流路探讨[J].海洋学报,2001, 23(5):87-94.

[292] 夏东兴,吴桑云,郁彰.末次冰期以来黄河变迁[J].海洋地质与第四纪地质, 1993,13(2):83-88.

[293] 向荣,李铁刚,杨作升,等.冲绳海槽南部海洋环境改变的地质记录[J].科学 通报,2003,48(1):78-82.

[294] 辛立国,李广雪,李西双,等.中国东海2万年来海平面变化分析[J].中国海 洋大学学报,2005,36(5):699-704.

[295] 熊应乾,刘振夏.冲绳海槽DGKS9603孔细粒沉积物元素组合特征及其意 义[J].海洋学报,2004,26(2):61-71.

[296] 闫义,林舸,王岳军,等.盆地陆源碎屑沉积物对源区构造背景的指示意义 [J].地球科学进展,2002,17(1):85-90.

[297] 杨怀仁,谢志仁.中国东部近20 000年来的气候波动与古海面升降运动[J]. 海洋与湖沼,1984,15(1):1-12.

[298] 杨守业,蒋少涌,凌洪飞.长江河流沉积物Sr-Nd同位素组成与物源示踪 [J].中国科学(D辑),2007,37(5):682-690.

[299] 杨守业,李从先,赵泉鸿.长江口冰后期沉积物的元素组成特征[J].同济大 学学报,2000,28(5):532-536.

[300] 杨守业,李从先.REE示踪沉积物物源研究进展[J].地球科学进展,1999, 14(2):164-167.

[301] 杨守业,李从先.长江与黄河沉积物元素组成及地质背景[J].海洋地质与第 四纪地质,1999,19(2):19-26.

[302] 杨子赓.中国东部陆架第四纪时期的演变及其环境效应[M]//中国海陆第 四纪对比研究.北京:科学出版社,1991.

[303] 杨作升,郭志刚.黄、东海毗邻海域悬浮体与水团的对应关系及影响因素 [J].中国海洋大学学报(自然科学版),1991,21(3):55-68.

[304] 杨作升,郭志刚.黄东海陆架悬浮体向其东部深海区输送的宏观格局[J].海

洋学报(中文版),1992,14(2):81-90.

[305] 杨作升.黄河、长江、珠江沉积物中黏土的矿物组合、化学特征及其与物源区气候环境的关系[J].海洋与湖,1988,19(4):336-346.

[306] 余华.冲绳海槽中部37 Cal ka BP 以来的古气候和古海洋环境研究[D].中国海洋大学,2006.

[307] 翟世奎,陈志华,徐善民,等.冲绳海槽北部稀土元素沉积地球化学研究[J].海洋地质与第四纪地质,1996,16(2):47-56.

[308] 翟世奎,于增慧,杜同军.冲绳海槽中部现代海底热液活动在沉积物中的元素地球化学记录[J].海洋学报,2007,29(1):58-65.

[309] 翟世奎,张杰,何良彪,等.冲绳海槽北部现代沉积物地球化学研究[J].沉积学报,1997,15(增刊):8-15.

[310] 张霄宇,张富元,章伟艳.南海东部海域表层沉积物锶同位素物源示踪研究[J].海洋学报,2003,25(4):43-49.

[311] 张晓岚.宜兰陆架与周围沉积物分布及特征之初步研究[D].台北:台湾大学海洋研究所,2003.

[312] 赵松龄,于洪军,刘敬圃.晚更新世末期陆架沙漠化环境演化模式的探讨[J].中国科学(D辑),1996,26(2):142-146.

[313] 赵松龄.长江三角洲地区的第四纪地质问题[J].海洋科学,1984,(5):15-20.

[314] 赵杏媛,张有瑜.黏土矿物和黏土矿物分析[M].北京:海洋出版社,1990.

[315] 赵一阳,王金土,秦朝阳.中国大陆架海底沉积物中的稀土元素[J].沉积学报,1990,8(1):37-43.

[316] 赵一阳,鄢明才.中国浅海沉积物地球化学[M].北京:科学出版社,1994.

[317] 周晓静.浙江沿岸黏土矿物与长江物质示踪标记的初步研究[D].青岛:中国科学院海洋研究所,2003.

[318] 周祖翼,廖宗廷,金性春,等.冲绳海槽-弧后背景下大陆张裂的最高阶段[J].海洋地质与第四纪地质,2001,21(1):51-55.

[319] 朱永其,等.关于东海大陆架晚更新世最低海面[J].科学通报,1979,(7):317-320.

后 记

三年同济的学习和科研工作凝聚成薄薄一本书,回顾往日历程以及即将收获的喜悦使得心情百感交集。三年间有过研究短暂进展不前的困惑和懈怠,也有过发现科学问题所在的喜悦和欣慰。在不断探索的过程中得到了那么多无私的帮助和关怀,在此表达谢意。

首先感谢我的导师杨守业教授。杨老师学术上兢兢业业,具有敏锐的洞察能力与出色的科研能力,三年间的悉心指导和耐心的讲解,使我受益良多。从选题、制定研究计划、实验工作、数据分析与讨论,再到本书的撰写与修改,都是在杨老师的悉心指导下完成。杨老师极为谦和,宽厚待人,给予学生很大的自由度、宽松的工作氛围从事研究工作,成为学生的良师益友。在学术方面给予我非常大的支持,努力为我创造学习和锻炼的机会:带我去日本参加亚洲海洋地质学大会;赴瑞士参加Goldschmidt会议;去大连参加同位素会议、青岛参加沉积学大会以及昆明参加973年会等重要国内学术会议;2008年帮我联系英国Peter Clift教授,使得我能够在博士第二年获得国家公派留学的机会赴英国阿伯丁大学学习一年,使得我各方面得到比较大的提高。在此谨向杨老师致以诚挚的谢意和崇高的敬意。

感谢英国阿伯丁大学的合作导师Peter Clift教授,感谢他为我提供在阿伯丁大学学习一年的机会。Peter Clift 教授作为国际知名学者,总是在百忙之中抽出时间与我讨论和交流,鼓励我积极参加学术小组讨论,并在此后耐心细致地为我修改英文文章。在英国学习期间,Peter Clift 教授积极为我写国际会议的推荐信,获得了会议的资助。Peter Clift 教授认真负责的态度使我在内心非常感激,其敏捷的思维,渊博的学识使我受益匪浅,开阔了眼界,各方面得到了锻炼和提高。

感谢国家第一海洋研究所刘振夏研究员、余华博士提供冲绳海槽沉积物样品及其相关研究数据。感谢我的硕士导师石学法研究员,在海洋局一所做实验期间石老师给予热情的帮助和指导,同时对石老师三年来对我的鼓励和支持表达深深的谢意。感谢方习生师兄在做黏土矿物时给予的帮助。感谢一所刘焱光、王昆山、吴永华、刘升发等师兄三年来提供的帮助。

感谢同济大学海洋地质国家重点实验室王汝建教授在做生物硅试验中的热心帮助,同时感谢重点实验室乔培军老师在沉积物元素分析时给予的帮助。感谢王中波师兄多年来的学习和生活上的关心和帮助;感谢唐珉、束振华以及李超、邵菁清、王权、展望、许斐、张凤等师弟、师妹在实验过程中提供的无私帮助。感谢樊馥、刘峰、严建平等同学以及丁飞、火苗、徐冠华、冯小平、朱小军等师弟、师妹的帮助。

特别感谢沉积组这个温暖的大家庭,老师们渊博的专业知识,严谨的治学态度,对事业的激情和不断探索的工作作风,朴实无华、平易近人的人格魅力将在今后的科学探索之中永远激励着我。老师和学生在这个大家庭中的和谐融洽,平等交流的氛围,使我们能在积极美好的心态中过好每一天。

感谢我的父母在整个学习过程中对我的支持和鼓励。他们的默默支持一直是我不断前进的动力。

窦衍光